초등학생이
가장 궁금해하는
어질어질 질병
이야기 30

초등학생이 가장 궁금해하는
어질어질 질병 이야기 30

2013년 9월 10일 초판 1쇄 발행

지은이 | 장수하늘소
그린이 | 우디 크리에이티브스
펴낸이 | 한승수
마케팅 | 이일권
편집 | 고은정, 이다연
디자인 | 우디

펴낸곳 | 하늘을나는교실
등록 | 제395-2009-000086호
전화 | 02-338-0084
팩스 | 02-338-0087
E-mail | hvline@naver.com

ISBN 978-89-94757-09-4   64400
ISBN 978-89-963187-0-5(세트)

* 책값은 뒤표지에 있습니다.
* 잘못된 책은 구입처나 본사에서 바꾸어 드립니다.

초등학생이 가장 궁금해하는 어질어질 질병 이야기 30

장수하늘소 지음 | 우디 크리에이티브스 그림

바깥에 나가 힘차게 달려 봐. 기분이 한결 좋아져.

잠을 푹 자는 것도 좋아.

친구들과 수다를 떨다 보면 우울한 마음도 어느덧 사라져.

우울할 땐 이렇게 해 봐.

하늘을나는교실

머리말

대부분의 질병은 올바른
생활 습관으로 예방할 수 있어요

우리가 행복하게 살기 위해서 가장 필요한 것은 무엇일까요? 아마 많은 사람들이 행복을 위한 첫 번째 조건으로 건강을 꼽을 거예요. 건강해야 하고 싶은 일도 맘껏 할 수 있고, 사랑하는 가족, 친구들과 오랫동안 즐거운 시간을 보낼 수 있지요.

그런데 질병이란 고약한 친구 때문에 사람들은 건강을 잃어 고생을 하고 목숨을 잃기도 해요. 질병을 고약한 친구라고 표현한 것은 우리가 질병 때문에 고통을 겪지만, 평생 함께 지낼 수밖에 없는 것이기 때문이지요.

믿고 싶지만 어쩔 수 없이 함께 지내야 하는 질병을 다스리기 위해서 사람들은 끊임없이 질병과 싸워 왔어요. 질병은 결코 만만한 상대가 아니었어요. 하나의 질병을 이겨내고 숨을 돌릴 만하면, 전보다 더 강한 녀석이 나타나서 도전해 왔거든요. 오죽하면 '인간의 역사는 질병과의 싸움이다.'라는 말이 나왔겠어요.

질병의 무서운 도전은 앞으로 더 강해질 거예요. 갈수록 강해지는 슈퍼 박테리아와 새로운 난치병들이 계속 우리를 위협하고 있거든요. 하지만 너무 걱정하지 않아도 돼요. 질병이 강해지는 만큼, 질병을 극복하기 위한 우리들의 노력과 의학기술의 발전도 멈추지 않을 테니까요.

《손자병법》이란 책에는 "지피지기(知彼知己)면 백전백승(百戰百勝)이다."라는 말이 있어요. 상대를 알고 나를 알면 백 번 싸워도 이길 수 있다는 뜻이지요. 질병과의 싸움에서 이기려면 우선 질병에 대해서 잘 알아야 하겠지요? 질병의 특징과 질병에 걸리는 원인을 알면, 질병을 예방하고 고칠 수 있는 방법도 찾을 수 있잖아요.

이 책에는 질병에 대한 다양한 이야기와 도움말이 담겨 있어요. 이 책을 통해 어린이 여러분이 질병에 대한 이해를 넓히고, 질병을 예방할 수 있는 건강한 생활 습관을 가질 수 있기 바랍니다. 대부분의 질병은 몸과 주변 환경을 깨끗이 하고, 적절한 영양을 섭취하며 규칙적으로 운동하는 올바른 생활 습관으로 예방할 수 있거든요. 그리고 질병에 대한 이야기가 무척 흥미롭다면, 질병을 연구하고 치료 방법을 개발하는 과학자의 꿈을 가져 보는 것도 좋겠어요.

2013년 7월 우미아

차례

곰보주막 소보로주모의 똥고집

그럼 천연두가 소젖에 난 종기의 고름을 짜서 접종하면 낫는다는 사실도 알고 있나?

천연두에 걸리면 고열에 고름 잡힌 종기가 온몸에 나고 심하면 죽거나 낫더라도 몸에 보기 흉한 흔적이 남지.

오, 저법인데 다시 봐야겠는걸. 그런데 주막에서 웬 호구굿이지?

주모가 곰보면 천연두를 이미 앓아서 다시 천연두에 걸리는 일은 없을 텐데?

그러게, 주모한테 물어 보세.

소보로주모! 저건 누구를 위한 굿이오?

우리 딸 마마신이 비껴가게 해 달라고.

주모한테 이렇게 예쁜 딸이 있었소?

나도 천연두만 아니었으면 꽤 예쁜 얼굴이었다고. 이 아이는 치성굿을 드려서 얻은 귀하디 귀한 딸이지. 얘만큼은 절대 나처럼 되지 않게 할 거라우.

음, 굿보다는 종두법을 써야 할 텐데…

아니 이 양반이 부정타게 어디서 서양 귀신을 입에 담아? 그 입 말하는 데 그만 쓰고 굿이나 보고 떡이나 먹으시오.

알았소, 알았어. 그리 귀하고 어여쁜 딸이니 주모 같은 불행한 일이 없었으면 해서 한 말이오. 너무 노여워 마시오.

에이 종두법이고 나발이고 우리는 공짜 음식이나 먹고 가세. 남의 자식 문제에 이러쿵 저러쿵 하는 것도 보기 안 좋아.

그래도 한 아이의 일생이 걸린 문제를 저런 미신에 기대다니 참으로 안타깝네. 후유~.

후유~

끄윽~, 잘 먹었다. 그런데 아까 왜 곰보주모한테 소보로주모라고 했나?

곰보주모보단 소보로주모가 듣기에 낫지 않나? 주모도 덜 충격 받을 테고.

충격은 오히려 자네가 받았지 않았나?

무슨?

종두법 얘길 꺼냈다가 골로 갈 뻔하지 않았나?

주모가 굿 맹신자라는 걸 잠시 깜빡했었네.

굿 맹신자? 하긴 굿을 해서 딸이 생겼다고 믿는 걸 보면 맞는 것 같네.

한 달 후 주막.

지난번에는 국밥 맛을 못 봤으니 오늘은 꼭 먹어 보고 싶군.

그땐 내 덕에 공짜밥을 먹었으니 오늘은 자네 차례야?

그러지. 그런데 주모 모녀는 잘 살고 있을까?

헉!

저 아이는 주모의 딸?

저 아이 얼굴, 어떻게 된 거요?

내 치성이 부족했나 보우.

헐? 그렇게 당하고도 종두법을 쓰지 않다니?

천연두에 면역력이 없었던 아즈텍 제국

중앙아메리카, 지금의 멕시코 지역에서 한때 번성했던 아즈텍 제국은 에스파냐의 침략을 받아 순식간에 멸망했어요. 아즈텍 제국을 멸망시킨 원인 중 하나는 무서운 전염병인 천연두였어요. 아즈텍을 공격한 에스파냐 군인 중에 천연두에 걸린 사람이 있었어요. 그 군인들과 접촉한 아즈텍 사람들은 천연두에 전염되었지요.

그것과 아즈텍 제국의 멸망이 무슨 관계가 있냐고요? 바로 아즈텍 사람들에게는 천연두에 대한 면역력이 없었다는 거예요. 에스파냐에는 아주 오래 전부터 천연두가 자주 창궐했기 때문에 대부분의 에스파냐 군인들은 천연두를 이길 수 있는 면역력을 가지고 있었어요. 하지만 천연두를 처음 접하는 아즈텍 사람들의 몸에는 천연두에 대한 면역력이 전혀 없었지요. 천연두가 아즈텍 사람들에게 매우 치명적으로 작용해서 수많은 사람들이 희생되었고, 갑자기 많은 사람들이 죽자 아즈텍 문명은 더 이상 이어갈 수가 없었어요.

그때 아즈텍 사람들만 천연두에 걸려 죽은 것은 화가 난 신이 아즈텍 사람들을 버린 것이 아니라 천연두에 대한 면역력이 없었기 때문이랍니다.

아즈텍 문명 유적

곰보 자국을 남기는 전염병, 천연두

천연두에 걸리면 높은 열이 나면서 얼굴에서부터 온몸으로 붉은 종기들이 돋아나요. 병이 점점 더 진행되면 종기에 고름이 차올라요. 그러다 병세가 진정되면 열이 내리고, 종기에는 딱지가 생겨요. 그 딱지가 떨어지면 흉터가 남지요. 예전에는 천연두에 걸리면 많은 사람들이 죽음에 이르렀고, 치료되는 경우가 드물었어요. 간혹 치료가 되어 살아남더라도 몸에 흉한 흉터가 남았어요. 사람들은 이것을 곰보 자국이라고 했어요.

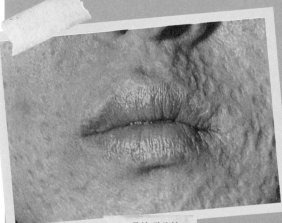

곰보 자국이 남아 있는 피부

옛날에 사람들은 천연두를 '마마' 또는 '호환마마'라고도 불렀어요. 마마는 왕이나 왕비처럼 매우 높은 지위에 있는 사람에게 붙이는 존칭이었어요. 천연두가 옛날 사람들에게는 걸리면 죽는 무서운 질병이었기 때문에 두려운 마음에 이런 이름을 붙인 것이지요. 그리고 호랑이 '호' 자를 붙여 호환마마라고도 불렀는데, 호랑이만큼이나 무서운 질병으로 여겼기 때문이에요. 얼마나 무서운 질병이었는지 짐작이 가지요?

천연두를 물리친 제너의 종두법

1749년에 영국에서 태어난 제너는 14세부터 의사 밑에서 일하며 의학을 공부했어요. 어느 날, 제너는 우유 짜는 한 여자를 만나 이야기를 나누다가 아주 중요한 사실을 알게 되었어요. 암소가 젖에 발진이 생기는 전염병인 우두에 걸리면 우유 짜는 사람에게도 우두를 옮기는 경우가 많은데, 우두를 옮은 사람은 천연두에 잘 걸리지 않는다는 것이었어요.

제너 상

1796년 제너는 우두를 옮은 사람의 종기에서 고름을 빼내서, 천연두를 한 번도 앓아 본 적이 없는 소년에게 주사했어요. 그리고 소년이 우두를 앓고 나자 천연두 고름을 상처에 묻혀 보았는데, 소년은 천연두를 앓지 않았어요. 천연두보다 약한 우두균이 소년의 몸에 들어가 세균과 싸울 수 있는 힘을 키워준 것이지요. 제너는 우두균으로 천연두를 예방할 수 있는 치료법을 발견한 거예요. 이것을 종두법이라고 해요.

종두법이 발견되고 나서 다른 질병도 약하거나 죽은 세균을 주사하는 방법으로 예방하게 되었어요. 예방 접종에 쓰이는 약하거나 죽은 세균을 백신이라고 부르는데, 백신은 종두법에서 유래한 이름이랍니다. 제너의 업적을 기리기 위해서 붙여진 이름이지요.

제너의 연구 덕분에 천연두 환자는 점점 줄어들었고, 1980년 5월 세계보건기구(WHO)에서는 천연두가 지구상에서 완전히 사라졌다고 발표했답니다.

창우어께 빌린 무시무시한 로봇

네 생일에 이런 소식 전해도 될지 모르겠네.

이미 얘기해 놓고선. 교통 사고라도 당한 거야?

교통 사고가 아니라 콜레라로 죽었대.

뭐? 콜레라?

그거 공중위생이 안 좋은 나라에서 생기는 전염병이잖아?

환자와 접촉하거나 환자의 물건을 만지다가 생기는 경우도 많대.

뭐? 접촉하거나 물건만 만져도 병이 옮는다고?

택배 상자 하나를 받았다가 일가족이 모두 죽은 일도 있었대.

왜 하필 내 생일에 죽은 사람들 얘길 하는 거야?

미안. 창우 얘기를 하다 보니. 이제 딴 얘기 하자.

미안하지만 한 가지만 더?

뭐 때문에 일가족이 다 죽었대?

심각하다.

택배 상자에 죽은 누이의 유품이 들어 있었대.

유품이 뭐였는데?

누이는 왜 죽었다는데?

콜레라로 죽은 거 아니야?

의찬이 말이 맞아. 콜레라로 죽은 누이의 유품이 들어 있었던 거야.

그럼….

화장실 ➡

그럼….

그럼….

우당탕

빨리 가서 손 씻자!

내가 먼저야!

다들 멈춰! 주인인 내가 먼저지.

알게 뭐야. 나 먼저 살고 보자.

쿵탕

다시 오늘, 의찬이네 집.

아무래도 안 되겠어.

옥상 ➡

로봇을 태워 버려야겠어. 아깝긴 하지만 콜레라에 걸릴 순 없잖아.

여기서 뭐하니?

엄마?

지금 불장난 하려는 거야?

그게 아니라 로봇을 태워 버리려고요.

그 로봇, 창우한테 빌린 거잖아. 그걸 왜 태워?

창우가 콜레라로 죽었대서요.

창우가 콜레라에 걸린 건 인도에 간 뒤라 괜찮아.

하지만 손발을 깨끗이 씻지 않고 아무 물이나 마시면 콜레라에 걸릴 수 있으니 항상 조심해야 해.

네. 저 오늘부터 청결 어린이가 될래요. 이 로봇도 청결맨이 되어서 콜레라로부터 지구를 지킬 거예요.

콜레라에 걸리는 원인은 무엇일까요?

콜레라는 콜레라균(Vibrio cholerae)에 감염되어 급성 설사를 일으키고 심한 탈수 증상이 빠르게 진행되며, 심하면 죽음에 이르는 전염병이에요. 이런 콜레라가 어떤 이유로 발생하는지 오랫동안 밝혀내지 못했어요. 그러다 여러 사람들의 연구와 노력으로 콜레라에 걸리는 원인과 빠르게 전염되는 이유가 밝혀졌어요.

1854년, 영국의 의사 존 스노는 콜레라가 먹는 물과 관계가 있다는 사실을 처음으로 밝혀냈어요. 영국 런던에서 콜레라로 사망한 사람들의 대부분이 한 공공 펌프 근처에 살고 있었다는 걸 알아내고 많은 조사를 했어요. 그 결과 오염된 물을 먹은 사람들이 콜레라에 걸렸다는 것을 발견했어요.

그 뒤, 30여 년이 지난 1883년 독일의 세균학자 로베르트 코흐는 콜레라를 발생시키는 콜레라 비브리오균을 발견하는 데 성공함으로써 콜레라의 비밀이 밝혀졌답니다.

오염된 물

콜레라가 공중위생 개선에 중요한 역할을 했다고?

옛날에는 화장실과 상하수도 시설이 제대로 갖춰지지 않았기 때문에 대소변과 오물이 넘쳐서 그대로 땅 속으로 스며들거나 강물로 흘러갔어요. 결국 마실 물을 얻는 우물까지 오염시켜서 사람들은 각종 질병에 시달릴 수밖에 없었지요. 콜레라가 세계적으로 많이 퍼진 이유는 이렇게 위생적이지 못한 생활 환경 때문이었어요. 후에 콜레라가 이런 비위생적인 생활 환경 때문이란 것을 알게 되면서 깨끗한 환경을 유지하기 위해 많은 노력을 기울였어요. 먹는 물을 깨끗이 하고, 수세식 변소와 제대로 된 하수도 시설을 갖춰 갔지요. 그 뒤 콜레라는 점점 줄어들었어요. 콜레라가 공중위생을 발전시키는 데 중요한 역할을 한 셈이지요.

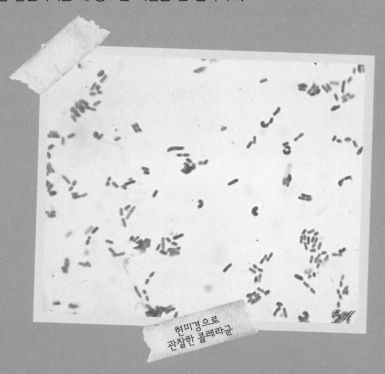

현미경으로
관찰한 콜레라균

콜레라를 예방하려면?

지금은 콜레라를 예방할 수 있는 백신이 개발되어서 전염을 막을 수 있어요. 하지만 이런 백신에 의한 면역 효과가 아주 충분한 것은 아니에요. 다른 병균들과 마찬가지로 콜레라균도 모습을 자주 바꾸는데, 그 때마다 그에 맞는 백신을 개발하는 것이 어렵기 때문이에요. 그래서 콜레라를 예방하기 위해서는 백신을 맞는 것보다 청결한 생활 습관을 갖는 것이 더 중요하답니다.

우선 오염된 물이나 음식물을 먹지 않아야 해요. 콜레라균은 열에 약하기 때문에 물은 끓여 먹고 음식물은 익혀 먹는 게 좋아요. 콜레라균은 염분이 많은 바닷물에도 살아 있고, 세균의 움직임이 활발한 여름에 감염이 잘 돼요. 그래서 여름에는 굴이나 조개 같은 어패류를 날 것으로 먹지 않는 것이 좋아요.

다음으로 음식물을 만질 때나 음식을 먹기 전, 또는 화장실에 다녀온 뒤에는 손을 씻어야 해요. 칼이나 도마를 통해서도 콜레라균을 옮길 수 있으므로 조리 기구도 항상 깨끗하게 관리해야 하지요.

여름철에는 세균이 번식하기 쉬우므로 물은 꼭 끓여 먹어요!

바나나가 까마중을 만났을 때

여기는 민희네 집.

저기요~.

누구지? 처음 보는 앤데.

아이고, 어제 이사온 집의 공주님이 행차하셨네.

제 이름은 송하늬예요. 엄마가 이사떡 좀 갖다 드리래요.

뭐, 이런 걸 다 보내셨대.

하늬라고? 얼굴도 하얗고 예쁘네.

안녕히 계세요.

잠깐만, 접시는 가져가야지?

우아, 떡이다.

어린애가 사람을 피하네.

그만 좀 먹어라. 누가 보면 굶기는 줄 알겠네. 하늬네 옥수수 좀 갖다 드리고 와.

네!

하늬가 네 또래 같으니 친구도 되어 주렴.

20

여기는 하느네 집.

엄마가 옥수수 갖다드리래요.

니가 민희로구나. 마침 잘 왔다. 내가 외출해야 하는데, 우리 하느랑 놀아 줄래?

제 이름을 어떻게 아셨어요?

옆집으로 이사오면서 그 정도도 모를까 봐? 그럼 사이좋게 놀아라.

멀뚱~

어색…

이거 찰옥수수인데 아주 맛있어. 같이 먹자.

한번 먹어 봐. 바로 찐 거라 달고 맛있어.

쏙

그, 그래.

서울애라서 그런지 넌 피부도 하얗고 몸도 날씬한데, 난 얼굴도 까맣고 다리도 굵고, 후유~.

하얗고 마른 게 뭐가 좋아. 난 네가 건강해 보여서 오히려 부러운데….

됐고 근데 넌 얼굴이 하얘서 꼭 바나나속같아. 너 바나나만 먹는 거 아니니?

말도 안 돼. 바나나 먹어서 얼굴이 하얘진다면 토마토 먹으면 얼굴이 빨개지게.

그렇지? 말도 안 돼지? 근데 우리 반 애들은 나보고 까마중이래. 까마중 많이 먹어서 까맣다나 뭐라나.

뭐, 까마중? 정말 웃긴다. 푸하하하하

헤헤. 웃기지? 그건 그렇고 너 옥수수 별로 안 좋아해?

아니, 옥수수 좋아해. 맛있겠다.

와작와작⟩

왜 그래? 급히 먹다 체한 거 아니야?

컥컥 컥컥

피, 피잖아.

사실 나 결핵 환자야. 결핵은 전염되는 위험한 병이야. 이제 알았으면 어서 집에 가.

친구가 아픈 걸 보고 어떻게 집에 가. 어른이 오실 때까지 함께 있어 줄게.

친구? 너와 내가?

그래, 친구?

너 정말 나와 친구 할 거야?

당근이지.

내가 병에 걸렸는데도?

병이야 고치면 되지.

1년 후.

하느냐, 하느냐?

헉헉

이사 간다는 얘기, 왜 나한테 안 했어?

아유, 숨차!

너희 엄마가 너 만나지 못하게 하잖아. 너희 집 근처만 가도 화를 내시니 어쩔 수가 없어야지.

우리 엄마 때문에 내가 미쳐. 난 건강해서 괜찮대도 결핵 환자 근처도 가지 말라고 성화라니까.

난 운이 없나 봐. 너처럼 건강해지려고 꼬박꼬박 약을 먹어 겨우 건강을 찾으니까 친구랑 헤어지잖아.

얼굴이 창백해져서
하얀 병이라 불린 결핵

결핵은 우리 몸이 결핵균에 감염되어 일어나는 만성 전염병이에요. 결핵균은 폐를 비롯해 콩팥, 창자나 뼈, 관절, 피부 따위에 침투하지요. 이야기 속의 하늬는 바로 폐에 결핵균이 침투한 폐결핵 환자였어요. 폐결핵에 걸리면 기침을 자주 하게 되고, 기침을 할 때 피를 토하기도 해요. 또 식욕이 떨어져서 잘 먹을 수가 없다 보니, 항상 피곤하고 기운이 없어요. 몸은 점점 마르고 피부는 핏기가 없이 창백해지지요. 폐결핵이 심해지면 숨을 쉬기가 힘들고 가슴에 심한 통증을 느껴요.

결핵균은 환자의 입을 통해서 공기 중으로 나오는데, 주위에 있는 사람들이 숨을 들이쉴 때 공기와 함께 폐 속으로 들어가서 옮길 수도 있어서 조심해야 한답니다.

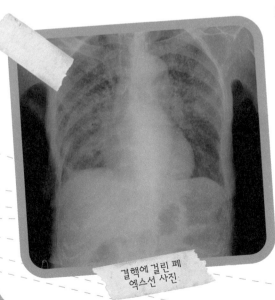

결핵에 걸린 폐
엑스선 사진

결핵 연구에 큰 공헌을 한 코흐

결핵 치료의 밑거름을 마련한 사람은 독일의 세균학자 로버트 코흐예요. 코흐는 콜레라균도 발견했는데, 1882년에는 결핵균을 발견해서 결핵의 병원체를 세상에 알려지게 했어요. 더 나아가 1890년에는 결핵을 치료하기 위해서 투베르쿨린까지 만들어 냈지요. 아쉽게도 투베르쿨린은 결핵을 치료하는 효과가 없는 것으로 밝혀졌지만, 오늘날 결핵이 걸렸는지 밝혀내는 피부반응 검사에 쓰이고 있어요. 코흐는 결핵 연구에 이바지한 공로로 1905년 노벨 생리의학상을 수상했답니다.

로버트 코흐

결핵을 물리친 스트렙토마이신과 BCG 접종

1932년 미국의 왁스먼이 스트렙토마이신이라는 결핵 치료제를 개발하면서, 인류는 결핵의 공포에서 서서히 벗어 날 수 있게 되었어요.

그리고 결핵을 예방하기 위한 백신인 BCG도 만들어졌지요. BCG는

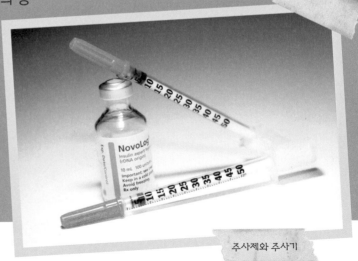

주사제와 주사기

우형결핵균의 독성을 약하게 만든 것으로 결핵에 대한 면역을 갖게 해주는 백신이에요. 국가별로 차이는 있지만, 우리나라에서는 아기가 태어나면 1개월 이내에 꼭 BCG를 접종하도록 하고 있어요.

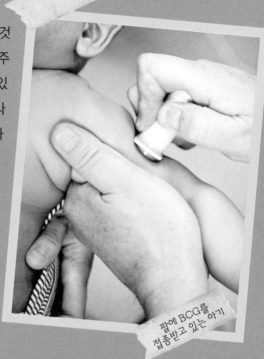

팔에 BCG를 접종받고 있는 아기

 아직도 퇴치하지 못한 질병, 결핵!

치료제와 예방 백신으로 결핵 환자가 많이 줄어들었지만, 아직도 결핵은 많은 사람들의 생명을 위협하는 무서운 질병이에요. 매년 결핵 때문에 죽는 사람들이 전 세계적으로는 290만 명, 우리나라에서는 2,500명 이상일 정도로 많아요.

이렇게 결핵 환자가 여전히 많은 이유는 아직까지 깨끗하지 못한 환경에서 생활하고 영양 부족에 시달리는 사람들이 많기 때문이에요. 그리고 결핵 치료에 한 가지가 아니라 여러 가지 치료제를 사용하게 되면서, 어떤 치료제도 잘 듣지 않는 광범위내성결핵(슈퍼결핵)이 등장해서 치료를 어렵게 만들고 있기도 하지요.

피리 부는 사나이의 야심

흑사병으로 많은 사람들이 죽어 가고 있는 19세기 말 유럽의 어느 도시.

제발, 도와 주세요.

우리 아이가 페스트로 죽어 가요. 약을 주시면 뭐든 다 할게요.

그런 약이 있으면 내가 먼저 먹겠소.

우리 아이들도 모두 죽었어.

오, 주여~.

마을의 쥐를 몽땅 다 없애 주는 사람에게 크게 포상하겠음.
시장

?

!!!

음, 상이라고요? 좋았어♪

안 그래도 쥐 때문에 골치가 아픈데 더러운 거지까지 찾아왔네.

저는 더러운 거지가 아니라 마을의 쥐를 없애러 온 사람이오.

뭐요 당신이 쥐를 없애 주겠다고요?

벌떡

네, 대신 제게 커다란 음악 대학을 만들어 주시오.

흑사병의 원인인 쥐만 없애 준다면 뭐든 못해 주겠나? 약속하리다냥

만약 약속을 지키지 않으면 마을에 큰 재앙이 닥칠 거요.

내 땡빚을 내서라도 지어 주겠네.

삐리삐리삐리 삐릴리리~
삐릴리리~
삐리삐리삐리

우아, 쥐들이 피리소리를 따라 모이고 있어!

삐리삐리삐리 삐릴리리~
삐리삐리삐리 삐릴리리~

삐리삐리삐리 삐릴리리~

퐁당 퐁당

풍덩 풍덩

이 마을의 쥐들을 몽땅 없앴으니 약속을 지켜 주시죠?

재정이 안 좋아서 약속을 지킬 수가 없네

그렇게 나오겠단 말씀이죠?

그래, 뭐 어쩌려고?

피리를 불어 아이들을 몽땅 이끌고 가 버리겠소.

흥 마음대로 하시오. 아이들이 쥐처럼 피리 소리를 따라갈 줄 아시오?

코딱지
틱!!

나중에 후회하지 마시오.

흥, 누가 겁낼 줄 알고?

삐리삐리삐리 삐릴리리~
삐리삐리삐리 삐릴리리~

쥐벼룩이 옮기는 페스트

　　중세 유럽의 모든 나라들이 쥐 때문에 큰 고통을 받았어요. 사람들 주변에 사는 쥐의 몸에는 쥐벼룩이 기생하고 있는데, 이 쥐벼룩이 사람들에게 페스트균을 옮겨 페스트를 퍼뜨렸기 때문이지요.

　　페스트에 걸린 쥐의 피를 빨아 먹고 페스트균에 감염된 벼룩이 사람을 물면, 사람도 페스트에 걸렸어요. 페스트에는 쥐벼룩이 옮기는 림프절페스트와 사람들끼리도 옮길 수 있는 폐페스트, 패혈증페스트 등이 있어요.

　　몸에 들어간 페스트균은 세포를 죽이는 독소를 내뿜어서 높은 열이 나게 하고 각종 통증과 구역질, 설사, 호흡 곤란 등을 일으킨답니다.

페스트균을 발견한 알렉상드르 예르생

1346년에 유럽에서 시작된 페스트의 원인은 1894년에 이르러서야 밝혀졌어요. 1894년 홍콩에서 페스트가 유행하자, 파스퇴르 연구소에서 일하던 프랑스 의사 알렉상드르 예르생은 홍콩으로 건너갔어요. 예르생은 페스트로 죽은 환자의 신체 조직에서 마침내 페스트균을 찾아내게 되지요. 페스트균을 뜻하는 예르시니아 페스티스는 예르생의 이름에서 딴 것이에요.

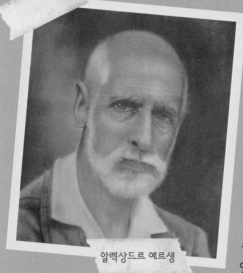

알렉상드르 예르생

그 뒤 예르생은 페스트에 걸린 사람의 몸에서 항체(세균과 싸우기 위해 몸속에서 만들어진 물질)를 뽑아내서 페스트균에 강한 항독소를 만들었어요. 그 항독소를 페스트 환자에게 주사했더니 환자의 병이 나았지요.

그 뒤 예르생의 연구를 바탕으로 페스트를 예방할 수 있는 백신을 만들었어요. 그리고 생활 환경이 깨끗해지면서 페스트는 점점 자취를 감추었답니다.

중세 유럽의 막을 내리게 한 페스트

죽은 시체에 검은 반점과 고름이 남아서 흑사병이라고도 불리는 페스트는 중세 유럽 인구의 3분의 1을 죽음으로 몰아넣을 정도로 무서운 병이었어요. 페스트가 지나간 중세 유럽에는 큰 변화들이 일어났지요.

중세 유럽을 지탱하는 경제 제도는 영주의 땅인 장원에서 농노로 불리는 농민들이 농사를 짓고 살아가는 장원제였어요. 농노들은 일개 영주의 물건처럼 취급당하며, 마음대로 이사할 자유도 없었어요. 그런데 페스트로 인구가 급격하게 줄어들면서 일할 사람들이 부족해지자, 영주들은 전처럼 농노들을 마음껏 부려먹을 수 없었어요. 농노들은 자유의 몸이 되어서 더 많은 임금을 주는 곳으로 옮겨 다니게 되었지요.

결국 장원제가 무너지면서 중세 유럽은 문을 닫고 새로운 시대가 열렸답니다.

페스트가 창궐한
상황을 그린 그림

나비 박사의 모기 흡혈 수난기

애애애앵, 못 잡았지롱♪

어유, 아파!

아야, 이 친구, 모기가 아니라 사람을 잡네.

거기 꼼짝 말고 있게.

제가 방금 박사님을 황열병으로부터 구한 건데, 저에게 복수하시려고요?

펑

아얏!

나도 방금 황열병으로부터 자넬 구한 걸세.

박사님, 전 모기에 물려도 황열병에는 안 걸리거든요.

우리나라에서 황열 예방 주사를 맞고 왔다구요.

박사님은 왜 그렇게 힘이 좋으세요. 팔뚝에 피멍 들었잖아요.

함평 군 손도 만만치 않아. 팔뚝에 화상 입은 것 같을세. 머리에 고열까지 있는 것 같네.

헉, 큰일인데요. 고열이 나고 구토와 오한에 얼굴이 누래지고, 눈코입에서 피가 나다가 죽을지도 몰라요.

열이 좀 있네만 그렇게까진 아닌데.

아니요, 열이 장난 아니게 높아요.

33

어디 모기 물린 데 있으세요?

며칠 전 숲속.

잡았다. 물 웅덩이에 빠져 가며 쫓아다닌 보람이 있군.

애앵앵~

글쎄, 조금 따끔했던 것 같기도 하고….

그 나비를 잡았을 때 참 짜릿짜릿했지.

박사님! 지금 그 얘기가 아니잖아요.

지금 나비 얘기 하는 거 아니었어?

지금은 나비가 아니라 모기 얘기 중이잖아요. 모기!

그게… 잘 생각이 안 나네, 나비 빼곤.

헉! 이거 좀 보라지. 모기 물린 거 맞네!

그럼 내가 황열병에 걸려 죽는 건가?

털썩

어라! 이게 뭐야? 황열병 예방 주사 작년 이맘때 맞으셨네요!

헐, 단순한 감기인 걸 가지고…. 내가 박사님께 또 낚였네.

내가 그랬던가? 에취!

모기가 옮기는 무서운 질병

여름밤, 귓가에서 윙윙대며 잠을 설치게 하는 모기는 사실 사람들에게 도움이 되지 않는 곤충이에요. 여러 가지 질병을 옮기기도 하거든요. 모기들이 어떤 질병을 옮기는지 알아보아요.

말라리아

얼룩날개모기에 물려서 걸리는 병이에요. 말라리아에 걸리면 열이 나고, 떨리고, 땀이 나는 등의 증상이 3~4일마다 주기적으로 일어나요. 아프리카와 동남아시아 등에서 발생하는 말라리아에 걸리면 여러 합병증에 시달리다가 심한 경우 죽음에까지 이를 수 있어요.

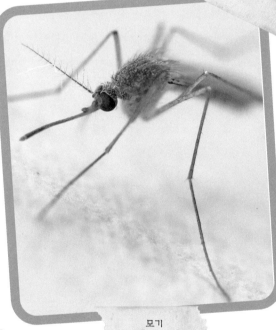

모기

일본뇌염

일본뇌염은 빨간집모기가 옮기는 병이에요. 일본뇌염바이러스를 가진 새나 돼지 등의 피를 빨아먹은 빨간집모기가 사람을 무는 과정에서 바이러스가 옮겨지는 거예요. 고열과 두통에 시달리다가 헛소리를 할 정도로 의식을 잃기도 하고, 온몸이 굳는 마비 증상과 경련을 일으키기도 해요. 심하면 숨쉬기가 힘들어서 사망에 이르기도 하지요.

모기가 물면 왜 가려울까요?

우리 몸에 상처가 나서 피가 나오면, 핏속의 혈소판이 공기와 접촉하면서 파괴돼 피를 굳게 하는 성분이 만들어져요. 피를 많이 흘리면 생명이 위험해 지기 때문에, 피를 굳게 해서 더 이상 피를 흘리지 않게 하는 우리 몸의 반응이지요.

그런데 모기는 사람의 몸을 물 때 피를 굳지 않게 하는 침을 함께 피부 속에 넣어요. 피가 굳으면 빨기 힘들어지기 때문이지요. 모기 침에는 알레르기 증상을 일으키는 물질이 있는데, 그 물질이 우리 몸에 들어오면 우리 몸은 알레르기 물질에 대해 경고하기 위해 히스타민이라는 물질을 내보내요. 히스타민이 분비되면 우리 몸은 가려움을 느끼거나 재채기를 하거나 부어오르지요. 이것은 히스타민이 우리 몸에 거부 반응을 일으키는 물질이 들어왔다고 보내는 경고랍니다. 우리 몸이 모기침에 반응하면서 가려움증을 느끼는 것이지요.

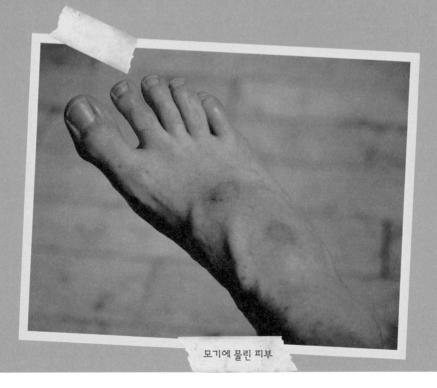

모기에 물린 피부

모기를 없애려면 어떻게 해야 할까요?

　모기가 말라리아를 비롯한 여러 병을 옮긴다는 사실이 밝혀지고 나서 많은 사람들이 모기를 없애기 위한 방법을 연구하기 시작했어요.

　스위스의 뮐러는 모기와 각종 해충을 없앨 수 있는 DDT를 개발해서 1948년 노벨 생리의학상을 받았어요. 그런데 DDT는 여러 부작용을 일으켰어요. 해충의 천적까지 죽이기도 하고 DDT에 내성을 지닌 해충들까지 나타나서, DDT를 쓸수록 해충이 더 늘어났어요. 더 심각한 문제는 DDT가 농작물에 흡수돼서 사람의 몸에 쌓여 건강을 해친다는 사실이 밝혀진 거예요. 결국 DDT의 제조와 판매는 금지되었어요.

　그렇다면 이렇게 문제가 많은 살충제를 쓰지 않고 자연스럽게 모기를 없애기 위해서는 어떻게 해야 할까요? 무엇보다 모기가 살기 좋은 웅덩이와 지저분한 곳을 없애야 해요. 모기의 애벌레인 장구벌레가 많이 사는 곳에 천적인 미꾸라지를 풀어 놓는 것도 좋은 방법이에요. 그밖에도 모기를 퇴치하는 방법을 많은 연구자들이 연구하고 있답니다.

DDT 분자 모형

꼬꼬꼬룸과 꼬끼오룸
닭들의 생사

파스퇴르의 실험실.

과연 닭들이 살았을까, 죽었을까?

꼬꼬꼬룸

찰칵

으악!

실험실 안의 닭들이 모두 죽어 버렸어.

또 실패야. 하지만 백신을 꼭 만들어서 닭콜레라를 잡고 말겠어.

다른 실험실의 닭들은 어떨까?

또다른 실험실.

여기는 보나마나일 거야.

꼬끼오룸

찰칵

으악!

푸드덕!

찍! 찍! 쑥!

우아, 살아 있네, 닭들이 살아 있어.

덩실! 덩실!

닭콜레라 백신 연구실

이보게 샹베를랑!

파스퇴르가 연구실을 비울 동안 내가 몰래 여행간 걸 알아차렸나?

샹베를랑!

샹베를랑, 역시 자네는 대단해.

뭐, 뭐가요?

자네가 없으면 난 아무것도 아니네.

지금 날 비꼬는 거야?

이젠 닭콜레라 백신을 완성할 수 있겠어. 이게 다 자네 덕이야.

네? 꼬꼬꼬룸의 닭들이 다 살았나 보죠?

아니, 꼬꼬꼬룸의 닭들은 다 죽었네.

그럼 꼬끼오룸의 닭들이 살아 있단 말인가요?

그렇네. 자네가 콜레라균을 배양해서 접종한 그 꼬끼오룸 말이네.

그, 그렇기는 한데.

내가 몰래 놀러 갔다온 사이 대체 무슨 일이 벌어진 거야?

왜? 자네는 기쁘지 않나?

물론 기쁘지요. 하지만….

하지만 뭐? 뭐 문제 될 거라도 있나?

내가 여행 갔다 온 사실은 끝까지 숨겨야 하겠지?

아니야. 어차피 배양액을 조사하면 다 나올 테니 말해야 할 거야.

39

자네 똥 마려운 강아지처럼 왜 그러나?

저, 사실은 며칠 전에 몰래 제가 여행을 다녀왔어요.

알고 있었네.

배양하라고 지시하신 닭콜레라균을 플라스크에 그대로 내버려둔 채로요.

그 점이 대단하다는 거야.

제가 잠시 업무를 태만히 한 건 사실이지만 이렇게까지 사람을 놀리시면….

놀리는 게 아니네. 꼬꼬꼬룸과 꼬끼오룸의 차이점을 자네도 잘 알지 않나?

꼬꼬꼬룸은 제대로 배양된 균을 접종했고, 꼬끼오룸은 균이 오래되서 힘이 약해진 배양균을 접종했고….

아하!

힘이 약해진 콜레라균을 접종한 닭들의 몸에 닭콜레라를 이길 수 있는 면역력이 만들어진 거네.

바로 그거야. 역시 자넨 내 조수답군.

제가 내버려 둔 덕에 균의 독성이 약해졌고, 그 약해진 닭콜레라균이 꼬끼오룸의 닭에게 닭콜레라를 예방하는 백신 역할을 한 거고요.

다음은 광견병 백신을 만들 거네. 여행 간 날짜 만큼 밤샘할 건가, 아니면 월급에서 뺄 건가?

윽, 그냥 넘어갈 리가 없지.

백신에는 어떤 종류가 있나요?

'가짜 병균'이라는 별명을 가진 백신은 우리 몸이 병균과 싸우는 훈련을 하게 함으로써 진짜 병균의 공격을 받았을 때 이겨낼 수 있게 해 주어요.

백신은 살아 있는 균을 약하게 만든 '생백신'과 죽은 균으로 만든 '사백신'으로 나눌 수 있어요.

'생백신'은 약해진 균이 몸에 들어가 병을 약하게 앓게 만들어서 항체를 얻게 해요. 살아 있는 균은 효과가 강해서 접종 횟수를 적게 해도 되는 장점이 있어요.

죽은 균인 '사백신'은 몸에 병균이 들어왔다는 착각을 일으키게 해서 항체를 만들게 해요. 죽은 균이기 때문에 항체가 생기지 않아서 추가 접종이 필요한 경우도 있지만, 생백신에 비해 부작용이 적은 것이 장점이지요.

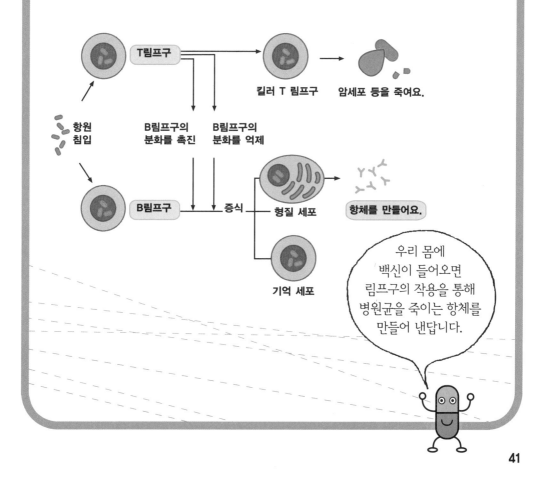

우리나라에 본부를 둔 '국제백신연구소(IVI)'

우리나라에 본부를 둔 '국제백신연구소 (International Vaccine Institute)' 는 새로운 백신을 개발하고 세계에 보급하는 일을 하는 국제기구예요. 1997년에 만들어진 IVI의 목적은 백신을 통해 가난한 나라의 국민, 특히 어린이들을 전염병으로부터 보호하는 것이지요.

국제백신연구소

그동안 IVI는 아시아, 아프리카, 남미의 30여개 나라에서 감염성 질병에 대한 연구 작업을 진행하고 몇몇 전염병에 대한 백신을 개발했어요. 또 아시아, 아프리카의 전문 인력을 훈련시키고 기술을 지원하며 협력연구 네트워크를 만드는 등의 일을 하고 있답니다.

어떤 예방 주사를 맞아야 하나요?

전염병을 예방하기 위해 주사를 맞는 것을 예방 접종이라고 해요. 예방 접종에는 누구나 꼭 맞아야 하는 기본 접종과 필요에 따라 선택해서 선별 접종이 있어요.

기본 접종은 누구나 걸리기 쉽고 위험성이 큰 질병을 예방하기 위해서 국가에서 전 국민을 대상으로 시행하는 예방 접종이에요. 우리나라에서 정한 기본 접종에는 BCG(결핵), HepB(B형 간염), DTaP(디프테리아, 파상풍, 백일해), IPV(소아마비), MMR(홍역, 유행성 이하선염, 풍진), JEV(일본 뇌염), Var(수두) 백신 등이 있어요.

선별 접종은 독감, 장티푸스, 신증후군 출혈열, Hib(뇌수막염), A형 간염, 폐구균 백신 등이 있는데, 노인이나 어린이, 환자처럼 면역력이 약한 사람들이나 특정 질병에 걸릴 가능성이 높은 사람들이 선별해서 맞아야 해요.

기본 접종과 선별 접종의 대상이 되는 질병은 나라마다 차이가 있고, 전염병에 따라 예방 접종의 시기와 횟수도 달라진답니다.

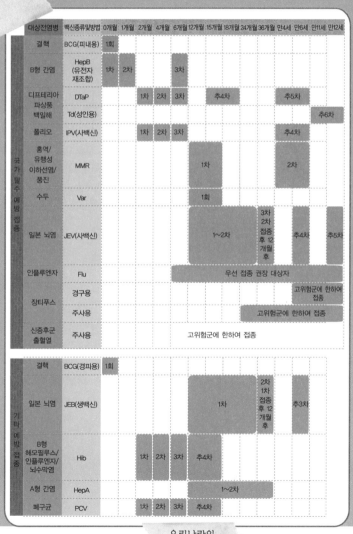

구분	대상전염병	백신종류및방법	0개월	1개월	2개월	4개월	6개월	12개월	15개월	18개월	24개월	36개월	만4세	만6세	만11세	만12세
국가필수예방접종	결핵	BCG(피내용)	1회													
	B형 간염	HepB(유전자재조합)	1차	2차			3차									
	디프테리아 파상풍 백일해	DTaP			1차	2차	3차		추4차				추5차			
		Td(성인용)													추6차	
	폴리오	IPV(사백신)			1차	2차	3차						추4차			
	홍역/유행성이하선염/풍진	MMR						1차					2차			
	수두	Var						1회								
	일본 뇌염	JEV(사백신)						1~2차				3차 2차접종후12개월후		추4차		추5차
	인플루엔자	Flu					우선 접종 권장 대상자									
	장티푸스	경구용													고위험군에 한하여 접종	
		주사용												고위험군에 한하여 접종		
	신증후군 출혈열	주사용				고위험군에 한하여 접종										
기타예방접종	결핵	BCG(경피용)	1회													
	일본 뇌염	JEB(생백신)						1차				2차 1차접종후12개월후		추3차		
	B형 헤모필루스/인플루엔자/뇌수막염	Hib			1차	2차	3차	추4차								
	A형 간염	HepA						1~2차								
	폐구균	PCV			1차	2차	3차	추4차								

우리나라의
표준 예방 접종표

꼭꼭 숨겨 놓은 아빠의 꿈

수제 액세서리 전문점

아프리카 어린이
소아마비
백신을 위한
아이돌 콘서트

다녀왔습니다.

엄마가 보여 줄 게 있으니까 빨리 와 봐.

먼데요?

짜잔! 네가 좋아하는 미소녀시대 공연 티켓이다.

와, 엄마 제가 미소녀시대 좋아하는 거 어떻게 아셨어요?

그걸 왜 몰라? 달리 엄마겠어?

엄마 그런데 왜 세 장이에요?

아빠도 함께 가시니까 당연히 세 장이지.

아빠는 아이돌 가수 싫어하시잖아요. 저더러 춤 좀 그만 추고 공부 좀 하라고 만날 그러시는데….

아빠는 공연 수익금으로 아프리카의 어린이들을 소아마비로부터 구해 주자는 취지가 맘에 드셨대.

아, 그러셨구나 그런데 엄마랑 아빠랑 어떻게 결혼하셨어요?

그게 왜 갑자기 궁금해진 거니?

음....

엄마가 소아마비 장애인인데도 아빠가 어떻게 청혼했냐는 얘기지?

그게 아무래도 장애가 없는 사람이 장애인에게 청혼하는 것이 흔한 일은 아니잖아요.

이 반지가 우릴 엮어 준 끈이란다.

그건 결혼반지도 아니잖아요?

벚꽃 핀 어느 봄날, 네 아빠가 이 반지를 들고 우리 가게로 다시 찾아 왔지 뭐니.

다시요? 그럼 그 전에도 아빠가 왔었다는 얘기예요?

그래. 처음엔 여친에게 선물 하겠다고 이 반지를 사 가더니 두 번째 왔을 땐 여친과 헤어졌다고 다른 걸로 바꾸겠다는 거였어.

그런데 반지를 목걸이로 바꿔 가더니 다음 날 또 찾아왔어.

또요? 변덕쟁이, 아빠

그게 아니라 전날 가져 왔던 반지를 다시 사겠다는 거야.

아니 왜요?

이유는 말하지 않고 반지를 사 가더니 그 다음 날부터 매일 찾아왔어.

엄마가 만든 액세서리가 다 맘에 들었나 봐요. 지금도 엄마가 만든 건 다 예쁘다고 하시잖아요.

사실은 반지를 처음 바꾸러 온 날, 바꿔 달라고 하면 내가 싫어할까 봐 밖에서 한참을 서성거렸대.

그런데 내가 반지를 열심히 만드는 모습이 무척 예뻐 보였다나 뭐라나. 호호호ㅎ

엄마가 맘에 들어서 매일 찾아오셨던 거군요.

그래서 엄마가 장애인인 걸 알면서도 청혼하신 거지.

와~, 낭만적이다.

내가 만든 반지가 좋은 인연을 만들어서 내게 되돌아온 셈이지.

이 공연이 좋은 인연이 돼서 저도 훌륭한 댄스 가수가 되면 좋겠어요.

아빠 앞에서 그 얘긴 꺼내지 마라.

아빠는 공연은 보시면서 댄스 가수는 왜 싫어하신대요?

지금도 아이들이 소아마비로 죽어 가는 나라가 많이 있단다. 공연을 통해 그 아이들을 도울 수 있으니 얼마나 좋니?

그럼, 기부금을 내지 왜 억지로 공연을 보시려는 거죠?

네가 댄스를 배우느라 공부를 소홀히 할까 봐 그러시는 거야. 사실은 춤을 얼마나 좋아하시는데.

아름다운 나와 매일 춤을 함께 추고 싶다고 하셨는걸.

윽, 울 엄마의 공주병을 누가 말려.

한 걸 음 더

소아마비란, 어떤 질병인가요?

소아마비는 폴리오 바이러스가 뇌와 척수에 침입하여 생기는 전염병이에요. 폴리오 바이러스에 감염되면 대부분의 사람들은 감기와 비슷한 증상을 보여요. 그러다가 폴리오 바이러스가 뇌와 척수로까지 감염되면 팔과 다리에 마비를 일으키고, 심하면 폐를 마비시켜 죽음에까지 이르게 해요. 목숨을 잃지 않더라도 다리를 절거나 걷지 못하는 등의 후유증이 생겨요.

다행히 1955년에 소아마비 백신이 만들어지고 나서 소아마비를 예방할 수 있게 되었어요. 우리나라에서는 0세부터 만 6세까지 4차례 소아마비 백신을 접종하고 있답니다.

소아마비를 앓고 난 뒤 다리에 마비를 일으킨 장애인

소아마비가 20세기에 왜 무서운 전염병이 되었을까요?

소아마비는 수천 년 전부터 있었던 질병이지만, 사람들은 별로 심각하게 생각하지 않았어요. 대부분의 사람들은 신생아 때 폴리오 바이러스에 감염되지만, 엄마에게 물려받은 항체가 6개월 정도 몸에 남아 있어서 소아마비를 이겨낼 수 있었기 때문이에요. 신생아 때 폴리오 바이러스와 싸운 경험을 몸이 기억하고 있어서, 그 후에 폴리오 바이러스가 공격해 오더라도 이겨낼 수 있었던 거예요.

그런데 20세기에 들어서 도시가 깨끗해지고 사람들이 위생에 신경 쓰기 시작하면서, 다른 전염병은 줄어들었지만 소아마비가 극성을 부리는 이상한 현상이 벌어졌어요. 환경이 깨끗해지면서 신생아들이 폴리오 바이러스의 침입은 받지 않았지만, 동시에 소아마비에 대한 면역도 약해졌기 때문이에요. 결국 엄마에게 물려받은 항체가 사라진 뒤에는 폴리오 바이러스에 당할 수밖에 없었던 것이지요.

깨끗한 도시 환경은 사람들의 면역력을 약화시키기도 했어요.

소아마비 백신은 누가 만들었나요?

1938년에 당시 미국 대통령이었던 프랭클린 루스벨트는 소아마비 연구를 지원하기 위해서 국립소아마비재단을 만들었어요. 루스벨트가 소아마비 연구에 관심이 컸던 이유는 본인이 소아마비의 후유증으로 장애를 얻었기 때문이에요. 특이하게도 어른이 된 39살에 소아마비에 걸린 루스벨트는 지팡이와 목발 없이는 걸을 수 없게 되었어요.

미국의 국립소아마비재단의 지원과 여러 과학자들의 연구를 바탕으로 1955년에 조너스 솔크가 소아마비를 예방할 수 있는 솔크 백신을 만드는 데 성공했어요. 그런데 솔크 백신을 접종한 사람은 면역성을 가져 소아마비에 걸리지 않지만, 폴리오 바이러스가 계속 몸에 남아 있어서 다른 사람들에게 전염시킬 수 있는 문제가 있었어요.

1961년에 앨버트 세이빈이 솔크 백신의 단점을 보완한 백신을 만들어서, 소아마비가 전염되는 것을 막을 수 있게 되었답니다.

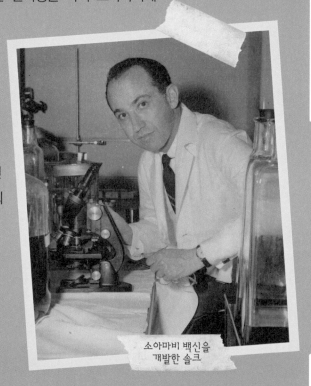

소아마비 백신을
개발한 솔크

수지가 똥개에게 물린 날

아, 나가요. 그만 좀 두드려요.

아저씨가 이 개의 주인 맞나요?

아, 코카 말인가요?

당신이 이 미친개의 주인 맞군? 이제서야 찾았네.

어쩔 거야? 우리 딸 어쩔 거냐고?

누군데 갑자기 나타나서 행패를 부리는 거요?

댁의 개, 코카가 머시긴가가 엊그제 우리 애를 물고 달아났단 말예요.

으앙~!

어제 코카를 팔았는데….

그럼 저 개는 뭔가요?

저 개는 코카의 어미예요.

엄마, 나를 문 개는 저 개보다 훨씬 더 귀여웠어.

아무 개나 귀엽다고 만지니까 미친개한테 물리지요.

코카는 미친개가 아니에요.

그럼, 그 개에게 광견병 예방 주사는 맞혔나요?

글쎄요….

컹컹 컹

저 개도 미친개 아닌가요? 침을 질질 흘리는 게, 마, 맞네.

조용히 해, 쿠키는 먹는 것만 보면 환장을 한다니깐.

미친개라니, 말 함부로 하지 말아요. 댁의 딸이 소시지를 갖고 있는 걸 보고 침을 흘리는 것뿐이에요.

그 코카인가 하는 개가 침을 질질 흘리면서 다가와, 소시지를 잡아채면서 손까지 물었다고요. 그게 미쳤다는 증거가 아니고 무란 말이에요?

코카가 소시지를 워낙 좋아해서 그랬을 거예요. 암튼 치료비는 물어 드리리다.

지금 그깟 치료비 땜에 온 줄 아세요?

아니 그럼, 진짜로 우리 코카가 광견병에 걸렸다는 거요?

그걸 모르니까, 알아보러 그 먼데서 여기까지 온 거 아니에요?

대체 어디서 오셨길래?

버스도 잘 안 다니는 이 오지까지 두 고개나 넘어왔단 말예요.

코카가 두 고개나 넘어 다닐 줄 알았으면 사냥개로 좀 더 비싸게 팔 걸 그랬나?

엉뚱한 소리 말고, 저기 묶여 있는 개가 광견병에 걸렸는지 알아야겠어요.

저 개는 댁의 딸을 문 개도 아닌데요?

저 개가 병에 걸렸는지 아닌지 알아내면 코카도 어떤지 알 수 있지 않아요? 광견병은 전염성이 높잖아요.

아니 그럼 아주머니 의심을 풀기 위해 멀쩡한 우리 쿠키를 죽이겠다는 거요?

멀쩡한지 아닌지는 검사해 봐야 알겠지요.

기다리시오?

?

혹시 몰라서 면역 글로불린과 백신 접종을 맞았지만 일단 광견병에 걸리면 치사율이 100%라는데…

엄마, 나 죽어?

광견병은 어떤 병인가요?

　　광견병은 광견병 바이러스에 감염된 개나 고양이의 침을 통해 옮겨지는 병이에요. 사람들은 광견병에 걸린 동물에게 물려서 이 병에 걸리기도 해요.

　　광견병에 걸리면 뇌에 침입한 바이러스가 신경 세포를 공격해서 신경통에 시달리고, 몹시 불안한 증세를 보이며, 잠도 못 자고, 음식도 못 먹고, 침을 많이 흘리는 증상이 나타나요. 2~3일 정도 지나면 체온이 높아지고 불안해하고 흥분 상태가 심해지고, 그 후엔 근육의 마비가 오고 제대로 숨쉬기도 힘들어지다가 결국 사망에 이르러요.

　　바람, 빛, 소리 등에 민감해지고, 물을 마실 때 목 근육에 통증을 느껴 물만 보고도 두려움을 느낀다고 해서 공수병이라고도 불려요.

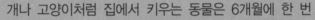

광견병에 걸리지 않으려면 어떻게 해야 하나요?

야생 너구리

개나 고양이처럼 집에서 키우는 동물은 6개월에 한 번씩 광견병 예방 주사를 맞혀야 해요. 사람은 동물처럼 미리 광견병 예방 주사를 맞지 않고, 광견병에 걸린 동물에게 물렸을 때 치료를 위해서 주사를 맞지요.

야생 동물도 광견병을 옮길 수 있기 때문에 야외로 나들이 갔을 때 야생너구리나 들고양이 같은 야생 동물을 피해야 해요.

만약 동물에게 물렸다면, 빨리 상처 부위를 깨끗한 물로 씻거나 소독약으로 소독한 뒤에 병원에 가야 해요.

광견병 백신을 개발한 파스퇴르

미생물 때문에 질병이 생긴다는 사실을 밝혀 낸 파스퇴르는 광견병 백신도 만들었어요.

파스퇴르가 광견병 백신을 만들기 전에, 광견병에 걸린 동물에게 물린 사람들은 끔찍한 방법으로 치료를 받았어요. 물린 상처를 불에 달군 뜨거운 쇠로 지지거나 상처 부위에 산성 용액을 부었지요. 하지만 상처를 태우는 아픔을 겪고도 광견병은 낫지 않았고, 가족들은 환자가 고통스럽게 죽어 가는 것을 안타깝게 지켜볼 수밖에 없었어요.

파스퇴르는 수많은 실험을 거듭한 끝에 광견병으로 죽은 토끼의 척수에서 백신을 만드는 방법을 찾아냈어요. 광견병으로 죽은 토끼의 척수를 소독된 용기에 넣고 말려서 병균을 약하게 한 다음, 주사액을 만들었어요. 그 주사액의 양을 달리해서 14일 동안 개에게 주사했더니, 개는 광견병에 걸리지 않았어요.

그렇게 개에 효과가 있는 주사액을 만든 1885년 어느 날, 광견병에 걸린 개에게 물린 소년이 파스퇴르를 찾아왔어요. 광견병 백신이 사람에게 위험할 수도 있었기 때문에 파스퇴르는 망설였어요. 하지만 소년의 상태가 위험한 상황이라 파스퇴르는 조심스럽게 주사를 놓았어요. 다행히 소년은 건강해졌고, 광견병 백신이 사람에게도 효과가 있다는 사실이 밝혀졌답니다.

파스퇴르

설거지통에서 건진
내 푸른곰팡이

치즈로 유명한 A 레스토랑.

엄마, 피자에 곰팡이가 피었어요.

그럴 리가 있니? 어디 보자.

난 또 뭐라고. 그건 곰팡이가 아니라 블루치즈란다.

블루치즈요? 치즈 색깔이 썩은 것 같아요.

썩은 게 아니라 숙성된 거란다.

블루치즈는 푸른곰팡이 특유의 쏘는 맛이 나지.

푸른곰팡이요?

그래, 푸른곰팡이의 일종인 페니실륨 로케포르티로 숙성시킨 거란다.

페니실린은 들어봤어도 그런 이름은 처음이에요.

그래 페니실린도 푸른곰팡이로 만들었단다.

페니실린이 푸른곰팡이로 만들었다는 정도의 얘기는 저도 알아요.

그으래?

그렇구나. 그럼 푸른곰팡이가 싱크대에 버려진 배양접시에서 발견됐다는 것도 알겠구나.

거기까진 몰랐어요.

여보, 가르쳐 줄 게 있으면 좀 다정하게 하시면 안 돼요? 왜 애를 놀리듯이 그래요?

내가 그랬나? 알았어요.

푸른곰팡이가 싱크대에 버려져 있었다면 설거지해 버리면 끝이었겠네요?

그렇지. 설거지만 하면 끝이지.

그런데 어떻게 해서 씻겨지지 않고 용케 발견된 거예요?

생물학자 알렉산더 플레밍이 휴가지에서 돌아왔더니 싱크대에 배양접시가 산더미처럼 쌓여 있었지. 씻기 전에 살폈더니 포도상구균이 들어 있는 배양접시에 푸른곰팡이가 피어 있었어.

그래서요?

현미경으로 살펴보니 푸른곰팡이 주변의 포도상구균이 죽어 있었지.

57

플레밍은 푸른곰팡이에서 포도상구균을 죽이는 물질을 골라냈어. 그리고 이 물질을 다른 세균에도 떨어뜨려 봤더니, 다른 세균들도 죽었어.

우아, 푸른곰팡이 대~박!

푸른곰팡이에서 포도상구균을 죽이는 물질이 바로 페니실린이란다.

우아, 플레밍 아저씨 엄청 대박났겠는데요.

맞아요. 플레밍이 노벨상까지 받은 걸 보면 정말 왕대박이죠.

플레밍이 새로운 항생제를 만들어 낸 덕분에 지금까지 인류를 세균 감염으로부터 막을 수 있었다는 점을 생각해야지?

그럼 신약 개발비는 누구에게로 갔을까요?

흠흠, 플레밍은 안타깝게도 약품 제조 기술이 없어서 약을 만들지 못했어.

그럼 누가 만들었죠?

제2차 세계 대전 때, 플레밍의 논문을 본 플로리와 체인이 연구와 실험을 통해 페니실린을 약품으로 만들었지.

아무튼 대단한 곰팡이야. 그런 의미에서 푸른곰팡이 치즈를 먹어 볼까?

으악 맛이 이상해!

초딩 입맛이 그렇지 뭘.

세균을 죽이는 물질, 페니실린

페니실린은 상처에서 세균이 더 이상 퍼지지 않게 할 뿐만 아니라, 디프테리아와 폐렴, 수막염 등 여러 질병의 치료에 효과가 뛰어난 물질이에요.

디프테리아는 열이 나고 목이 아프고 호흡 곤란을 일으키는 급성 전염병이에요. 폐렴은 폐에, 수막염은 뇌를 싸고 있는 수막에 염증이 생기는 질병이지요.

페니실린은 이런 질병의 원인이 되는 세균을 죽여서 질병을 치료하는데, 바로 세균의 세포벽을 자라지 못하게 해서 세균을 죽게 만들지요. 이렇게 페니실린처럼 세균을 자라지 못하게 하거나 죽이는 물질을 항생제라고 불러요.

연구실에서
실험중인 플레밍

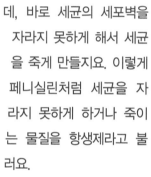

페니실린으로 만든
항생제

항생제는 질병 치료에만 쓰이나요?

　페니실린계 항생제가 만들어진 뒤에 여러 종류의 항생제가 만들어졌어요. 그 중에서 흙 속에 있는 곰팡이에서 추출한 스트렙토마이신이라는 결핵 치료제로 유명한 항생제도 있지요.

　이렇게 여러 종류의 항생제가 질병을 치료하는 것에만 쓰이는 것은 아니에요. 항생제는 음식물을 썩지 않게 하는 방부제, 가축을 빨리 자라게 하는 성장 촉진제, 해충을 박멸시키는 살충제 등에도 쓰인답니다.

항생제는 매우
다양한 용도로 쓰여요.
치료제, 방부제, 성장촉진제,
살충제 등 여러 곳에
쓰인답니다.

백신과 항생제는 어떻게 다른가요?

백신과 항생제는 질병을 일으키는 세균을 물리쳐서 우리 몸을 보호한다는 점에서 비슷하지만, 다른 목적으로 쓰여요.

백신은 약한 세균이나 죽은 세균으로 만든 약으로, 우리 몸에 들어온 세균을 이겨 낼 수 있는 면역을 생기게 해 주어요. 이에 비해 항생제는 이미 몸에 생긴 세균이나 종양 세포가 더 이상 늘어나지 않게 하거나 죽이는 일을 하지요.

백신은 병에 걸리기 전에 예방하는 약이고, 항생제는 병에 걸리고 나서 치료하는 약이에요.

항생제는 이런 문제가 있어요!

페니실린이 처음 개발되었을 때는 많은 사람들을 죽음으로부터 구한 덕분에 '기적의 약'으로 불렸어요. 그런데 시간이 갈수록 페니실린을 비롯한 항생제의 효과가 떨어지는 문제점이 나타났어요. 항생제를 쓸수록 항생제를 이기는 세균도 등장했기 때문이에요.

우리 몸 안의 세균은 항생제와의 싸움에서 죽기도 하지만 적은 수는 살아남아요. 간신히 살아남은 세균은 항생제의 공격을 막아낸 방법을 기억하고 더 힘을 키워요. 그래서 다음에 항생제를 만나도 항생제를 이기는 것이지요.

이렇게 항생제를 이길 수 있게 된 세균을 내성균이라고 해요. 점점 강해지는 내성 균의 등장은 우리가 해결해야 할 새로운 숙제를 던져 주고 있어요.

나는 죽지 않는다

네일샵.

엄마양 분홍색 하트를 붙여. 곰돌이랑 해바라기도 예쁘네.

네 손톱에 붙일 것도 아닌데 웬 호들갑이야.

애야양 엄마 손톱의 큐티클을 떼어내는 중이니 조용히 좀 있거라.

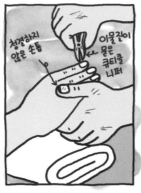

청결하지 않은 손톱

이물질이 묻은 큐티클 니퍼

어이쿠!

헉!

탁!

푹

죄송합니다, 손님양 아이가 나대는 통에….

헉, 화장실 휴지!

여기선 도저히 손톱 손질 못 맡기겠어요.

벌떡

아니, 아이 탓이 아니라 제 실수로…. 죄송합니다.

세경아, 그만 집에 가자.

빨리 소독약을 발라야지.

세경이네 집 거실.

엄마, 저 때문에 손톱을 다치신 거죠? 죄송해요.

너 때문이 아니란다. 폴라 압둘이 생각나서 그래.

폴라 압둘이요?

응, 미국 가수인데 네일아트에서 시술을 받은 뒤 큰병이 나서 고생했다는구나.

큰병이요?

글쎄, 슈퍼박테리아에 감염되었다는 거야.

슈퍼박테리아요? 그럼 아까 그 네일샵에 슈퍼박테리아가 있다는 거예요?

그걸 내가 어떻게 아니.

그럼 대체 왜 나오신건데요?

그 네일샵은 위생이 엉망이야. 시술하는 아주머니도, 시술 도구도 너무 더럽잖아.

그래도 손톱 장식은 참 예쁘던데.

예쁘면 뭐하니? 슈퍼박테리아에 감염되면 죽을 수도 있는데.

슈퍼박테리아가 있는지 없는지도 모르신다면서요?

63

우리나라 병원의 슈퍼박테리아 발생 건수가 4만 4천여 건이나 된다니 거기라고 없다는 보장이 없지.

그렇게나 많아요? 그래도 우리만 청결하면 상관없잖아요?

아까 그 꼬질꼬질한 큐티클 니퍼도 못 봤니? 슈퍼박테리아 감염자에게 사용한 니퍼를 소독하지 않고 쓰면 상처가 났을 때 다른 사람에게도 감염되는 거야.

헉 그럼 엄마 손톱에 댄 그 니퍼에 슈퍼박테리아가 있었다면 큰일이잖아요?

원 플러스 원이라고 해서 싼맛에 갔더니….

집에 와서 소독 연고도 발랐으니 아무일 없을 거예요.

우리 딸, 슈퍼박테리아에 대해 도통 아는 게 없구나.

우리가 세균에 감염되면 항생제로 치료하잖니? 그런데 슈퍼박테리아는 항생제를 써도 잘 죽지 않는단다.

왜 죽지 않아요?

내성 때문이란다. 항생제를 많이 쓰다 보니까 거기에서 살아남은 세균은 내성이 생겨서 웬만한 항생제에도 죽지 않는 거야.

그럼, 슈퍼항생제를 만들면 되잖아요?

하지만 면역력이 약한 사람은 위험해.

저는 면역력이 강한 사람이 될래요.

그래, 밥도 잘 먹고 운동이랑 공부도 열심히 하는 거야.

헉 거기에 공부는 왜요

황색포도상구균은 슈퍼박테리아?

　　최초의 항생제인 페니실린이 만들어지고 나서 다양한 항생제들이 쏟아져 나오자 세균 때문에 생기는 질병은 모두 나을 수 있을 듯했어요. 그런데 항생제와의 싸움에서 살아남은 세균은 항생제에 대한 내성이 생겼어요. 어떤 항생제를 써도 죽지 않는 슈퍼박테리아가 된 것이지요.

　2007년, 미국 버지니아 주의 21개 고등학교에 휴교 조치가 내려질 정도로 심각한 병세를 일으킨 황색포도상구균도 슈퍼박테리아 중의 하나예요.

　2007년에 미국 국립질병통제예방센터가 발표한 논문에 따르면, 2006년 한 해 동안 황색포도상구균 때문에 목숨을 잃은 사람들이 에이즈로 인해 사망한 사람보다 많았어요. 그 정도로 슈퍼박테리아에 의한 피해는 심각하답니다.

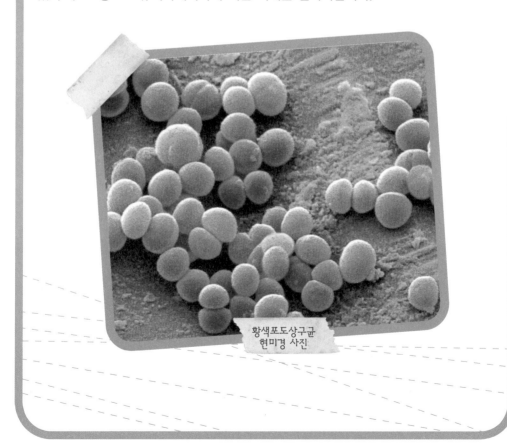

황색포도상구균
현미경 사진

박테리아를 잡아먹는 박테리오파지

슈퍼박테리아가 무서운 이유는 완벽한 치료 방법이 없다는 거예요. 아무리 강력한 항생제를 개발해도 이 항생제를 이길 수 있는 내성균이 또 나타나거든요.

그런데 내성균이 생기는 항생제를 대신해서 박테리아를 물리치는 방법이 발견되어서 희망을 주고 있어요. 이 방법은 세균에 살면서 세균을 잡아먹는 '박테리오파지'라는 바이러스를 이용하는 거예요.

'박테리오파지'는 모든 세균을 죽이지는 못하지만, 세균을 죽일 때 사람의 몸에 해를 끼치지 않아요. 벼농사를 지을 때 벼멸구라는 해충을 없애기 위해서, 농약 대신 벼멸구의 천적인 거미나 무당벌레를 이용하는 것과 같은 이치랍니다.

박테리오파지 모형

박테리아와 바이러스는 어떻게 다른가요?

박테리아와 바이러스는 비슷하지만 여러 부분에서 차이가 나는 다른 생명체예요. 박테리아는 세균이라고도 불리는데, 하나의 세포로 이루어진 단세포 생물이에요. 아주 작아서 현미경을 통해서만 볼 수 있어요. 땅, 물, 공기, 사람이나 동물의 몸속에서 살면서, 먹이를 먹고 자라고 세포 분열을 통해 개체수를 늘려가요. 박테리아는 질병을 일으키기도 하지만, 유산균과 효모균처럼 몸에 좋은 것들도 있어요.

바이러스는 박테리아의 1000분의 1 정도의 크기밖에 되지 않고, 막대나 공처럼 아주 단순한 모양을 하고 있어요. 현미경 중에서도 아주 미세한 것까지 볼 수 있는 전자 현미경으로만 볼 수 있지요. 바이러스는 박테리아처럼 스스로 먹고 자라지 못하고, 사람이나 동물, 식물을 이루고 있는 세포에 들어가야만 살 수 있어요. 바이러스가 박테리아와 같은 점은 스스로 개체수를 늘린다는 것인데, 그 과정에서 자신이 살고 있던 세포를 파괴시키면서 질병을 일으킨답니다.

이로운 박테리아
효모균

떠먹는
요구르트

떠먹는 요구르트 속에 든 유산균은 이로운 박테리아예요.

감기 때문에 망친 일주일

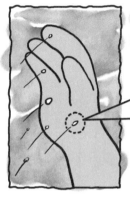

꼬마야
안 다쳤니?

꼬마의 손에서 외계인 소년의 손으로 옮겨 가는 감기 바이러스.

빽! 빽! 빽!

바이러스 침투!

오빠 난 41가지 맛 아이스크림 먹을래. 알지?

아이스크림은 안 돼.

아이스크림 내기에서 져서 그러는 거지?

사실은 나 감기 경고 메시지 받았어.

ㅇㅇㅇㅇㅇ~

오빠, 갑자기 왜 그래?

감기 바이러스가 순식간에 유리 몸에 퍼졌나 봐요.

내 이럴 줄 알았어. 빨리 유리와 구슬이를 데려와야겠어요.

겨울에 감기에 잘 걸리는 이유는?

감기는 200여 종의 바이러스 때문에 걸려요. 이 바이러스가 코와 목, 기관지 쪽으로 들어가 염증을 일으켜서 열이 나고, 재채기·기침·콧물·두통·근육통 등의 증상을 보이게 되는 거예요.

그런데, 우리는 여름보다 겨울에 감기에 더 잘 걸려요. 왜 그럴까요? 추운 겨울에 감기에 잘 걸리는 이유는 추위에 우리 몸의 면역 기능이 떨어져서 감기 바이러스의 공격을 이겨내지 못하기 때문이에요. 또 겨울철 공기가 건조한 것도 중요한 이유예요. 공기가 건조하면 기관지 점막에 상처가 잘 생기는데, 그러면 감기 바이러스가 더 빨리 침투할 수 있기 때문이지요.

약 먹으면 일주일, 약 먹지 않으면 7일?

감기는 우리 몸에 휴식이 필요하다고 알려주는 신호등 같은 질병이에요. 무리하게 운동을 하거나 공부를 해서 몸이 피곤하고, 날씨나 환경의 변화로 우리 몸의 면역력이 떨어지면 감기에 쉽게 걸리거든요. 그래서 대개의 감기는 약이나 주사 없이, 충분한 휴식을 취하고 영양가 높은 음식을 잘 챙겨 먹는 것만으로도 나을 수 있어요.

여러 감기약

우리나라의 병원은 감기에 걸린 환자에게 높이 오른 열을 내리고 2차 감염을 막기 위해서 항생제가 섞여 있는 약을 처방해 주는 경우가 많아요. 그런데 항생제는 내성균을 만들고 몸의 면역력을 떨어뜨려서, 항생제를 많이 쓰다 보면 항생제를 써야 하는 질병에 걸렸을 때 잘 낫지 않게 만들어요.

이렇게 감기에 걸린 환자에게 약이나 주사가 주는 단점이 많고 큰 효과를 가지지 않기 때문에, '약 먹으면 일주일, 약 먹지 않으면 7일'이라는 말도 생겨났답니다.

감기는 어떻게 치료해야 좋은가요?

감기에 걸리면 몸의 면역력을 키우기 위해서 우선 푹 쉬어야 해요.

그리고 옷을 따뜻하게 입고, 따뜻한 보리차를 수시로 마시고 죽이나 수프같이 따뜻한 음식을 먹어서 체온을 올리는 게 좋아요. 따뜻한 물에 몸을 담그고 있으면 땀을 통해 몸의 노폐물이 빠져나가서 감기를 빨리 낫게 해 주기도 하지요.

감기 예방은 손 씻기부터

감기 바이러스는 주로 손을 통해 옮겨지기 때문에, 항상 손을 깨끗이 씻는 습관을 가져야 해요. 또는 손을 더 깨끗이 씻기 위해서 항균비누를 사용하기도 해요. 하지만 항균비누를 너무 자주 사용하면 피부에 면역력이 없어지기도 해 깨끗한 물로 자주 씻는 습관을 가지는 것이 더 좋답니다.

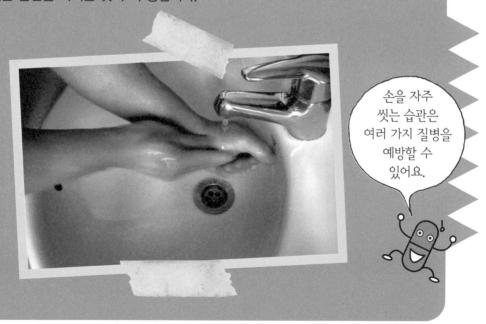

손을 자주 씻는 습관은 여러 가지 질병을 예방할 수 있어요.

현석이는 결벽증 환자!

이번 전철도 그냥 보냈네.

제발~ 다음 전철엔 사람이 많지 않길~

후유~ 다행이다. 이번 전철은 사람이 별로 없네.

기침하는 사람도 없고 기다린 보람이 있군.

앗, 위험~ 다른 칸으로 가자.

허걱, 이 칸은 한술 더 뜨네~ 기침에 마스크맨까지~

안 되겠다. 차라리 내려서 집까지 걸어가자.

엄마, 빨리 문 좀 열어요.

현석이네 집 앞.

손을 씻지 못해 애먹었네.

오늘은 왜 이렇게 늦었니?

중간에 전철에서 내려 걸어왔어요.

후다닥

왜 걸어 왔어?

전철 안에 신종 플루 걸린 것 같은 사람이 너무 많아서요.

쏴아아~

그렇게 걱정되면 나랑 같이 예방 접종을 하지 그랬니?

주사는 죽어도 싫어요.

다음 날 미술 시간.

나 연두색 크레파스 좀 빌려줘.

윽, 더러워.

쓰레기통

야, 왜 멀쩡한 크레파스를 버리냐?

너 왜 내 어깨에 손을 대고 그래?

내 손이 어때서?

← 코딱지

75

우웩~ 우웩~ 으윽, 더러워!

며칠 후. 현석아, 무슨 일이니?

얘 좀 봐. 머리가 불덩이야.

엄마 나 신종 플루에 걸린 거야? 나 죽는 거야?

그런 소리 하지 마. 별 거 아닐 거야.

우리 애가 설마 신종 플루에?

아니요? 단순한 감기예요.

휴~, 다행이다. 그런데 감기와 신종 플루는 다른가요?

다르다마다요. 감기는 200여 종의 바이러스 때문에 걸리지만 신종 플루는 인플루엔자의 한 종류가 원인이에요.

인플루엔자요?

인플루엔자는 변신의 귀재죠. 1918년의 스페인 독감, 1957년의 일본 독감, 1968년의 홍콩 독감에 이어 2009년의 신종 플루가 다 인플루엔자로 인한 독감이죠. 계속 변이되는 인플루엔자에 대항하기 위해선 해마다 백신을 맞아야 해요.

특히 A형 독감 바이러스는 변신의 대왕이죠. 신종 플루도 A형이고…. 그런데 아이가 독감 예방주사는 맞았나요?

아직. 근데 우리 현석이 어디 갔죠?

감기와 독감은 다르다고요?

독감에 걸리면 처음에는 기침과 콧물, 열이 나는 등 감기와 비슷한 증상이 나타나요. 그래서 많은 사람들이 감기가 심해지면 독감이 되거나, 감기 중에서 가장 낫기 힘든 감기가 독감이라고 잘못 알고 있어요.

하지만 감기와 독감은 전혀 다른 질병이에요. 감기는 200여 종의 바이러스가 원인이 되어서 걸리지만, 독감은 인플루엔자 바이러스의 한 종류 때문에 걸리는 질병이지요. 그래서 감기는 백신을 만들 수 없지만, 독감은 백신을 만들어 미리 예방할 수 있어요.

특히 65세 이상의 노인과 어린이, 몸이 약한 사람들은 독감 때문에 폐렴을 비롯한 여러 합병증도 걸리기 쉬우니 미리 백신을 맞는 것이 좋아요. 합병증이 심해지면 목숨을 잃을 수도 있어서 주의가 필요하지요.

	독감	감기
발병	급격하게 발병	상대적으로 서서히 발병
발열	37.7~40도	드물고 경미
근육통	심함	드물고 경미
관절통	심함	드물고 경미
두통	심함	드물고 경미
식욕부진	흔함	흔하지 않음
무력감	흔함	드물고 경미
기침	흔하고 심함	중등증(보통)
코막힘	때때로	흔함
콧물	때때로	흔함

독감과 감기 구분법

독감 치료는 어떻게 하나요?

독감에 걸리면 병원에 가서 치료를 받고, 집에서 충분히 쉬며, 되도록 사람이 많은 곳에 가지 않아야 해요. 물이나 차를 많이 마시는 것도 좋아요. 또한 독감은 침을 통해 잘 옮겨지므로 기침이나 재채기를 할 때 코와 입을 휴지로 가리고, 외출할 때는 마스크를 써야 해요. 손을 통해서도 옮겨지므로 손을 자주 씻어 줘야 한답니다.

독감 백신을 왜 해마다 맞아야 하나요?

독감에 걸리지 않으려면 예방 백신을 맞아 몸의 면역력을 키워 줘야 해요. 그런데 독감을 일으키는 인플루엔자 바이러스도 사람의 면역력에 맞서기 위해서, 자신의 몸을 다양한 형태로 바꿔요. 인플루엔자 바이러스처럼 같은 종류이면서도 모습을 바꿔서 새로운 특성을 보이는 것을 어려운 말로 '변이'라고 해요. 변이는 같은 부모에게서 모습이 다른 형제가 태어나는 상황과 비슷한 거예요.

인플루엔자 바이러스의 변이가 일어나면, 우리 몸의 면역력이 큰 힘을 발휘할 수 없어요. 이미 맞은 백신은 모습을 바꾸기 전의 인플루엔자 바이러스에 대항하기 위해 만들어진 것이니까요. 그래서 해마다 새로 만들어진 예방 백신을 맞아야 하는 거예요.

세계보건기구에서는 그해 겨울에 유행할 것으로 보이는 인플루엔자 바이러스의 변이 형태를 예측하고 새로운 독감 예방 백신을 만들어 보급하고 있어요.

물론 독감 예방 백신을 맞았다고 완전히 독감을 막을 수 있는 건 아니에요. 하지만 노인이나 어린이, 다른 질병을 앓고 있는 사람들, 의료인이나 환자 가족처럼 독감에 걸리기 쉬운 사람들은 매년 10월~12월에 맞아두는 게 도움이 된답니다.

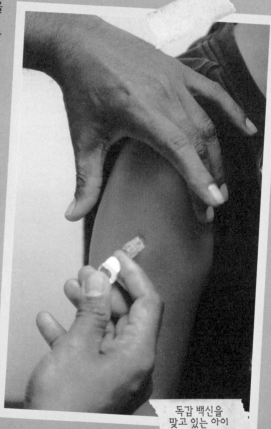

독감 백신을 맞고 있는 아이

치킨이 기가 막혀!

보리야8 숙제 빛의 속도로 끝낼 수 있지8 끝나면 바로 전화해8

당근이지~ 안녕.

보리네 집 거실

쓱쓱 쓱쓱

숙제 끄읕~8

헉, 벌써8 이제 보니 우리 보리가 숙제의 달인이군8

양념 반, 후라이드 반 할까요8

안 돼!

아니 왜요8

치킨은 안 돼8 조류 독감이 유행한다잖아.

조류 독감이요8 조류 독감이 뭔데요8

조류 독감은 조류를 감염시키는 바이러스 때문에 걸려. 닭이 조류 독감에 걸리면 닭 벼슬이 푸르게 변하면서 부풀어 오르고, 암탉은 알을 낳지 못하다가 쓰러져 결국 죽고 말아.

우린 조류가 아니니까 괜찮지 않나요8

사람에게도 옮는다는구나.

어떻게 사람에게까지8

그건 돼지 때문이래.

81

돼지요?

꿀꿀꿀, 그 돼지요?

응, 그 돼지. 돼지는 조류 독감 바이러스와 사람 독감 바이러스에 모두 옮을 수 있는데 돼지가 믹서기처럼 바이러스를 섞는 역할을 한다는 거야.

그럼 치킨 먹으면 조류 독감에 걸려요? 어제도 먹었는데, 캑캑~

켁 켁 응? 켁

조류 독감은 불에 충분히 익힌 음식을 통해서는 옮겨지지 않으니까 닭이나 오리 요리를 먹어도 괜찮다는구나

어쩌나… 양계장 하는 보리 이모네에 당장 전화해 봐야겠어.

보리 이모는 예방 백신을 맞았다곤 하는데.

그런데 예방 백신이 완벽하게 조류 독감을 예방해 주는 건 아니라니 걱정이야.

그래도 보리 이모는 청결한 습관을 갖고 있어서 괜찮을 거야.

후유~, 이제 치킨은 날아간 걸까?

보리, 너 여태 거기 서 있었니?

네?

어서 치킨 시키지 않고 뭐해?

앗싸 치킨!

보리야? 약속을 지켰구나? 그보다 너 우리 가게에서 박스 접는 알바 안 할래? 조금 전부터 다시 대박이다.

콜~

조류 독감에 걸리지 않으려면 어떻게 해야 하나요?

조류 독감 바이러스는 A형 독감 바이러스 중에서 철새처럼 산과 들에 사는 야생 조류와 닭, 오리처럼 사람들이 키우는 조류에게 감염되는 바이러스예요. 대부분 조류끼리 옮기지만, 일부는 사람에게도 옮겨져 심한 독감에 걸리게 할 수 있어요.

조류 독감에 걸리지 않으려면 우선 조류 독감이 유행하는 지역에는 가지 않는 것이 좋아요. 닭이나 오리를 키우는 사람들은 조류 독감에 옮기 쉬우므로, 일할 때는 반드시 장갑과 마스크를 착용하고 일이 끝나면 몸을 깨끗이 씻어야 해요. 독감 예방 백신이 완벽하게 조류 독감을 예방해 주는 건 아니지만, 어느 정도 효과가 있으니 조류와 접하는 사람들과 몸이 약한 사람들은 맞는 게 좋아요.

먹이를 먹고 있는 닭

조류 독감이 유행할 때
닭과 오리 요리를 먹어도 괜찮나요?

승민이네처럼 조류 독감 때문에 경제적인 어려움을 겪는 사람들이 많은 이유는 조류 독감에 대한 오해 때문이기도 해요.

조류 독감 바이러스는 섭씨 75도 이상에서 5분 이상 가열하면 모두 죽을 정도로 열에 약해요. 혹시 조류 독감에 걸린 닭이나 오리라 하더라도 충분히 익혀 먹으면 조류 독감에 옮지 않아요.

그렇다면, 조류 독감이 유행할 때 닭이 낳는 달걀은 먹어도 괜찮을까요?

조류 독감에 걸린 닭은 알을 낳지 못하니까, 시중에 있는 달걀은 조류 독감에 걸리지 않은 닭이 낳은 달걀이에요. 혹 달걀 껍질에 조류 독감 바이러스가 묻을 수는 있지만 바이러스는 알 껍질을 통과하지 못해요. 그리고 달걀을 판매하기 전에 씻고 소독하는 과정에서 바이러스가 사라지므로 달걀을 안심하고 먹어도 된답니다.

양계장

세계적으로 유행한 독감이 조류 독감?

제1차 세계 대전이 끝날 무렵부터 유행해서 수많은 사람들의 목숨을 앗아간 '스페인 독감'이 조류 독감의 하나였을 거라는 연구 결과가 있어요. 1918년 '스페인 독감'으로 죽은 사람의 폐 조직에서 독감 바이러스를 채취했는데, 이 바이러스가 지금의 조류 독감 바이러스와 같은 종류라는 사실이 밝혀졌지요.

더 놀라운 것은 2009년에 사람들을 공포에 떨게 한 '신종 플루'도 '스페인 독감'과 비슷한 바이러스 때문에 생겨났다는 사실이에요. 돼지의 몸에서 섞인 조류 독감 바이러스와 사람 독감 바이러스가 오랜 세월 변화에 변화를 거듭하면서 수많은 사람들의 목숨을 앗아가는 무서운 바이러스로 새롭게 나타난 거예요.

항상 조류 독감에 대해서 관심을 가지고 조심해야겠지요?

전 세계 신종플루
사망자 분포도

14. 사스

똥싸쓰? 똥사스?

나 참, 봤냐는 게 아니라 사스 바이러스 말이야.

내가 사스냐고? 난 단순 감기일 뿐이거든.

으으, 똥이 밀려 나오려고 해. 의자에 앉아서 항문을 막아 보자.

너, 고열이 나고 몸이 아프면서 기침이 잦지 않니?

그, 그런데?

기침 때문에 숨쉬기도 힘들고?

지금은… 숨쉬기 힘들어.

설사 참느라….

부르르

뿌직 뿌직

설사? 그렇다면!

나 사스 아니라니까.

그래도 우리집 화장실은 절대 못 써!

아니 왜?

홍콩의 사스 환자 한 사람이 동생 집에 갔다가 설사하는 바람에 아파트 주민이 3백 명이나 감염된 일이 있었다고.

그 일이 지금 나하고 무슨 상관이야?

네 설사가 화장실 배수구를 통해 아파트 전체에 퍼질 수 있단 거지.

난 사스가 아니라니까.

한 번만 살려주라.

글쎄….

됐다 됐어. 차라리 우리집까지 간다 가

낑

그럼 니가 사스가 아니라는 증거, 열 가지만 대 봐

됐다니까. 내가 앓느니 죽지.

탁!

잠깐 앉아서 내 얘기 좀 들어 봐.

나 지금 급하단 얘기 못 들었어?

좋아. 내 얘길 잠깐 들어주면 우리집 화장실 쓰게 해 줄게.

알았어. 대신 짧게.

휴~

조금조금

사스 환자를 돌보던 광둥 성의 한 의사도 사스에 걸렸는데, 그것도 모르고 홍콩에 여행을 갔다가 호텔방 손님 16명을 순식간에 감염시켰대.

응. 그래그래. 그럼 갈까?

잠깐만! 사스는 전염 속도가 빨라서 한 병원에서 3일 만에 2천5백 명이 전염됐을 정도래.

난 사스가 아니라니까? 으으~, 쌀 것 같아!

사스는 정확한 치료법도 없고 예방 백신조차 없어서 힘이 약해지는 열흘 동안 격리시키는 방법밖에 없다는 거야.

너 이자식, 똥만 누고 나면 가만 안 둘 거야!

빨리 문 열어!

알았어. 열쇠 좀 꺼내고.

뒤적 뒤적

88

사스에 걸리면
어떤 증상을 보이나요?

사스 바이러스는 감염된 사람들의 기침과 재채기를 통해 옮겨져요. 하수도, 환기 시설, 바퀴벌레를 통해서도 옮겨지지요. 사스는 환자의 주변에 있는 가족, 친구, 의사, 간호사들이 쉽게 사스에 걸릴 만큼 전염 속도가 빠르기 때문에, 감염된 사람들은 사스 바이러스의 힘이 약해지는 열흘 동안 다른 사람들과 떨어져 생활하는 게 좋아요.

사스에 감염되면 처음에는 38도 이상으로 열이 높아지면서 머리가 아프고 온몸이 쑤시다가, 2~7일 후에는 마른기침이 계속되면서 숨쉬기가 힘들어져요. 증세가 나타난 자 열흘이 지나면 감염자의 대부분은 곧 회복되지만, 일부 사람들은 폐렴을 일으켜 목숨을 잃는 경우도 있답니다.

사스 감염 환자의 증상

사스 때문에 세계는 왜 놀랐을까요?

2002년 11월에서 2003년 7월까지 유행하여 20여 개 나라에서 8천여 명을 감염시키고, 700명이 넘는 사람들의 목숨을 앗아간 사스는 전 세계 사람들에게 충격을 안겨 주었어요. 세계 여행이 흔해진 요즈음 우리가 상상하는 것 이상으로 빨리 전염병이 퍼질 수 있고, 희생되는 사람들도 많을 수 있다는 것을 보여 주었기 때문이지요.

다행히 2003년 이후로 사스는 다시 유행하지 않았어요. 하지만 아직까지 사스에 대한 확실한 치료법과 예방 백신이 만들어지지 못했어요. 사스 바이러스가 더 이상 퍼지지 않도록 하기 위해서는 사스 환자와 사스 바이러스에 감염되었을 가능성이 높은 사람들을 철저하게 격리시키는 방법밖에 없어요. 현재로서는 사스에 대한 뚜렷한 해결책이 없기 때문이랍니다.

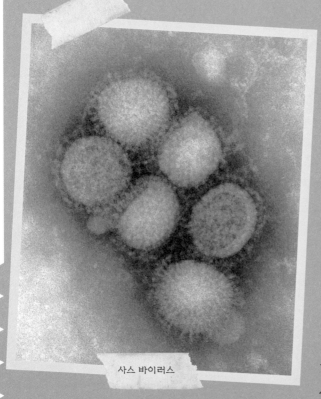

사스 바이러스

세계적인 전염병을 막으려면?

 사스처럼 세계적으로 유행하는 전염병을 막기 위해서는 공항이나 항구에서 검역을 해야 해요. 검역은 다른 나라에서 들어온 사람들이나 동물, 물건을 통해서 전염병이 전해지지 않도록 검사하고 적절한 조치를 취하는 걸 말해요.

 비행기에서 내려 공항 안으로 들어오면 승객들이 붉은 카펫이 깔린 통로를 지나는 것도 검역의 한 방법이에요. 이 붉은 카펫에는 소독약이 뿌려져 있는데, 승객들의 신발에 묻은 세균이나 바이러스를 소독해 주지요.

 적외선 카메라로 승객들의 체열을 조사하는 것도 중요해요. 전염병을 옮기는 세균이나 바이러스에 감염되면, 사람의 몸속에서는 항체가 세균과 바이러스와 싸우면서 열이 나거든요. 열이 높게 나온 사람은 혈액 검사나 정밀 검사를 받고, 전염병에 걸렸을 때는 치료를 받아야 하지요.

공항에서
검역중인 사람들

나는 너의 편!

재, 너랑 절친이던 상수 아니니?

음, 이 고기 맛있네.

지금은 절친 아니에요.

재 에이즈에 걸렸다면서? 어린 게 어쩌다가 그런 몹쓸 병에 걸렸다니? 쯧쯧.

교통사고 후 수혈을 잘못 받아서 그랬대요.

저런? 에이즈에 오염된 피를 수혈 받은 모양이구나.

우물 우물

그래서 우리반 아이들은 재 근처엔 가지도 않아요.

나라도 그러겠다. 너랑 더 이상 친하지 않다니 다행이구나.

그래도 친했던 애가 반에서 왕따가 되니 기분이 좋진 않아요.

왕따야? 그럴 만도 하지 뭐. 저런 앤 전학 보내야 하는 거 아닌가?

병원의 실수로 에이즈에 걸린 것뿐인데 당신, 너무 심한 거 아니오?

심하긴 뭐가 심해요?

저기 네 친구 수현이 아니니?

네, 맞아요. 여기 들어올 때부터 봤어요.

93

그런데 왜 서로 아는 체도 안 하니?

인사해도 날 반가워하지 않을걸요?

후유~

...

...

근데 삼촌은 왜 안 오시죠? 비보이 CD 선물 주신다고 하셨는데?

비보이 얘긴 꺼내지도 말아라. 넌 비보이가 원망스럽지도 않니?

전혀요. 이 깁스만 풀면 다시 할 건데요?

국제 비보이 대회에서 우승했다고 길바닥에서 좋아 날뛰지만 않았어도 교통사고도 나지 않았을 테고, 죽을 병에 걸리지도 않았을 텐데. 후유~.

여보? 죽을 병이라니. 칵테일 요법을 쓰면 생명에 지장없이 살 수도 있다는 의사 얘기를 잊었소?

흑흑흑, 우리 상우 어쩌니?

엄마? 제 생일 날 우시는 건 반칙이죠?

어허, 이 사람 참!

함께 춤출 땐 정말 즐거웠었는데….

에이즈에 감염된 사람을 만나기만 해도 에이즈에 걸린다고 생각하는 게 잘못이에요.

벌떡

미안해, 상우야.

너 갑자기 왜 그러니?

그런 바보 같은 생각 때문에 친구를 잃을 순 없어요.

94

에이즈는 어떤 병인가요?

후천성면역결핍증으로 불리는 에이즈(AIDS)는 인간면역결핍 바이러스 (HIV)가 우리 몸속에 들어와서, 면역 세포인 T세포를 죽이는 병을 말해요. 면역 세포가 죽기 때문에 병원균에 쉽게 감염되어 질병에 대항할 수 없는 상태가 되지요. 에이즈 환자가 목숨을 잃는 것도 에이즈 자체의 문제가 아니라, 면역력이 떨어져 다른 병원균에 감염되기 때문이에요.

HIV는 사람의 혈액과 정액이나 질 분비물 같은 체액, 모유에 의해서 옮겨져요. HIV에 감염된 피를 수혈 받거나, 감염된 사람과 성 접촉이 있을 때, 감염된 사람이 사용한 주사기를 재사용하거나 실수로 찔리게 되면 감염될 수 있어요. 또 HIV에 감염된 엄마가 아기를 낳을 때나 모유를 먹일 때, 아기에게 HIV가 옮겨질 수 있답니다.

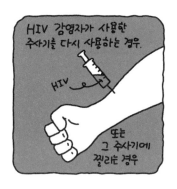

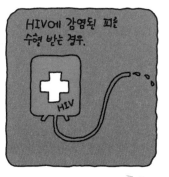

HIV 감염 경로

혹시 모기도 HIV를 옮기나요?

HIV가 혈액을 통해 옮겨지기 때문에 모기에게 물리는 것도 위험하지 않을까 하고 걱정하는 사람들이 있어요. 그런데 모기가 사람을 물었을 때 빨아들이는 혈액의 양은 매우 적어요. 게다가 HIV는 모기 몸속에서는 살 수 없는 것으로 밝혀져 모기로 에이즈가 옮겨질 가능성은 거의 없다고 해요.

사람 피부에
앉은 모기

에이즈에 걸리면
죽을 수밖에 없나요?

에이즈를 완전히 치료할 수 있는 방법이 있는 것은 아니지만, 몇 가지 약을 한꺼번에 복용하는 칵테일 요법이 효과를 내고 있다고 해요. HIV 감염 초기부터 칵테일 요법에 따라 약을 계속 먹으면 생명에 지장이 없이 살 수 있답니다.

에이즈 치료에 효과가 있는 칵테일 요법은 여러 가지 약을 한꺼번에 먹는 방법이에요.

그런데 칵테일 요법은 약값이 너무 비싸기 때문에, 아프리카처럼 가난한 나라의 환자들에게는 그림의 떡일 뿐이에요. 이런 가난한 환자들을 위한 사회적인 지원 체계를 하루라도 빨리 마련해야 해요. 더 효과가 좋은 새로운 약과 에이즈 예방 백신을 만들기 위한 노력도 계속해야 하고요.

12월 1일, 세계 에이즈의 날에는 붉은 리본을 달아요

HIV는 독감이나 사스 바이러스처럼 침이나 땀, 눈물과 콧물로는 전염되지 않아요. 그래서 HIV에 감염된 사람과 악수나 뽀뽀를 해도 괜찮아요. 일상 생활을 통해서는 에이즈에 감염되는 경우가 거의 없지요. 하지만 에이즈가 등장한 초창기에는 에이즈의 원인과 전염 경로 등이 정확히 밝혀지지 않아서, 에이즈 환자에 대한 편견과 차별이 심했어요.

붉은 리본은 붉은 혈액과 따뜻한 마음을 뜻해요. 에이즈에 감염된 사람들에 대한 편견과 차별을 없애고, 치료제를 개발하고 어려운 환자들을 도와주도록 힘을 모으자는 의미를 담고 있어요. 이런 좋은 뜻을 많은 사람들에게 전하기 위해서 매년 세계 에이즈의 날인 12월 1일에 붉은 리본을 다는 것이랍니다.

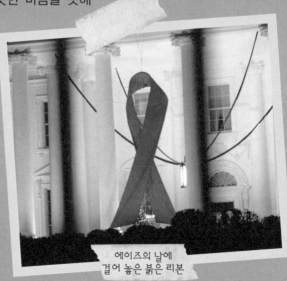

에이즈의 날에 걸어 놓은 붉은 리본

밀림 속에 숨어 있던 악마

그 많은 땅의 벌목권을 다 살 능력이시라면요.

벌목권이라니요? 난 몰래 베어 갈 생각인데요?

사장님? 여긴 국유림인 데다가 벌목권 없인 나무 한 그루도 못 베게 되어 있답니다.

예끼 이 사람아? 그럼 이 사람들이 몽땅 다 벌목권을 사서 나무를 번다는 얘긴가?

워워~, 화 내시지 말고 시원한 망고 주스 한 잔 먼저?

메롱~ 휘익~

아니, 저놈의 원숭이가?

사람 음식을 훔쳐가다니….

우리가 자기들 먹이를 훔쳐 갔다고 찾으러 온 거 아닐까요?

그럼 베어 낸 나무도 자기들 거라고 따지러 올 거라고 말할 텐가?

네? 그것보다 계약하러 오신 일 얘기를….

맞다? 여기 현지인들은 벌목권을 다 샀냐는 얘기를 하다 말았지?

현지인들은 생계를 위해 불법 벌목을 저지르지만 지구의 허파인 아마존 숲을 보호하기 위해 정부 차원에서 벌목권을 팔기로 한 거죠.

아하!
탁

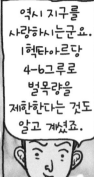

역시 지구를 사랑하시는군요. 1헥타아르당 4-6그루로 벌목량을 제한한다는 것도 알고 계셨죠.

그런 게 아니라…, 불법 벌목을 할 수 있을 때 해 둘걸.

헐~

? ? ?
윽! 나 죽니~
비틀

왜 그래8 자네 어디 아픈가?

열병인가 봐요. 열이 장난이 아니에요.

부들부들

어서 구급차 불러8

눈, 코, 귀, 입, 항문에 까지 피가 쏟아져 나오니 큰일이에요.

혹시 사망률이 90퍼센트가 넘는 그 무서운 에볼라 바이러스8 하지만 에볼라 바이러스는 아프리카에서 발생하는데8

아프리카도 여기처럼 밀림을 개발하면서 바이러스에 노출된 거잖아요.

밀림 속에만 있던 무서운 바이러스를 인간 스스로 찾아들어간 셈이지.

그러니 여기서도 그 동안 몰랐던 무서운 바이러스가 있을 가능성은 얼마든지 있죠.

자신의 욕심을 채우려 밀림을 파헤친 사람들이 만든 바이러스인 셈이야.

전장, 나보고 하는 얘기로군.

이 사람도 병에 걸렸나 본데요. 땀을 삐질삐질 흘리고 있어요.

에볼라 바이러스가 옮기는 에볼라 출혈열

에볼라 바이러스는 밀림의 동굴에 사는 박쥐처럼 야생 동물의 몸에 사는 것으로 추정되고 있어요. 에볼라 바이러스가 옮기는 에볼라 출혈열은 사람들의 내장 기관을 다 망가뜨리고, 눈·코·귀·입·항문 등을 통해서 엄청난 양의 피를 흘리게 만드는 무서운 질병이에요. 에볼라 출혈열에 걸린 사람들의 80% 이상이 목숨을 잃게 되는데, 아직 예방 백신과 치료제가 만들어지지 못했어요.

에볼라 출혈열은 에이즈처럼 바이러스에 감염된 사람이나 동물의 혈액과 체액을 통해 전염되고, 공기를 통해서는 옮겨지지 않아요. 에볼라 바이러스는 전염성이 무척 강해서, 에볼라 출혈열 환자를 치료하는 의료진들은 각별히 조심해야 해요. 에볼라 바이러스에 감염된 사람들이 생기면 철저히 격리시켜서 전염되지 않도록 해야 하지요.

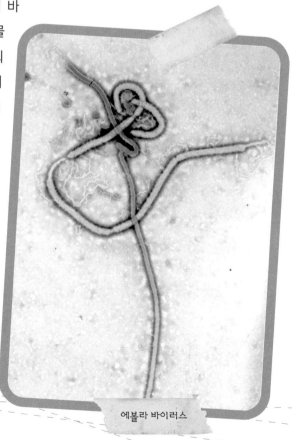

에볼라 바이러스

왜 자꾸 새로운 바이러스가 자꾸 나타날까요?

에볼라 바이러스 외에도 인간면역결핍 바이러스, 마버그 바이러스, 한탄 바이러스, 라사 바이러스, 니파 바이러스, 로타 바이러스 등이 1970년대 전후로 새롭게 등장하고 있어요. 새롭게 나타난 바이러스는 백신이나 치료약이 없는 경우가 많고, 감염되면 사망률이 높기 때문에 우리를 불안하게 만들지요.

그런데 이렇게 에볼라 바이러스와 같은 새로운 바이러스가 등장하게 된 데에는 사실 사람들의 책임이 커요.

인구가 갑자기 늘어나자, 사람들은 곡식을 키울 수 있는 농지를 만들고 나무를 얻기 위해서 밀림을 침범하기 시작했어요. 그러자 밀림 속에 살고 있던 동물들은 사람들과 자주 접촉하게 되었고, 야생 동물의 몸속에서 조용히 살고 있던 바이러스가 사람에게도 옮겨오게 되었지요. 바이러스는 무척 다양하고 적응력이 뛰어나서 변이를 잘 일으키기 때문에, 이에 대해 대처하려면 많은 노력을 기울여야 해요.

환경오염뿐만 아니라 무서운 바이러스의 등장을 막기 위해서도 무분별하게 자연을 파괴하는 일은 하지 말아야겠지요?

밀림

한탄 바이러스는 우리나라에서 발견되었다고요?

우리나라의 한탄강 주변에서 이호왕 교수가 세계 최초로 발견한 한탄 바이러스는 유행성출혈열을 옮기는 병원체예요. 들쥐의 배설물과 침을 통해 나와서 산이나 풀밭에 있던 사람들의 호흡기로 들어가 유행성출혈열에 걸리게 하는 무서운 바이러스지요. 유행성출혈열에 걸리면 고열에 시달리고, 피를 흘리고, 신장에 문제를 일으켜요. 하지만 사람들 사이에는 옮겨지지 않아서 환자를 격리시킬 필요는 없어요.

예전에는 유행성출혈열 때문에 목숨을 잃는 사람들이 많았어요. 지금도 예방 백신이 있지만 효과가 좋은 편은 아니에요. 하지만 조기 진단과 치료 방법이 좋아지면서 사망률이 눈에 띄게 줄어들고 있답니다.

한탄강 계곡

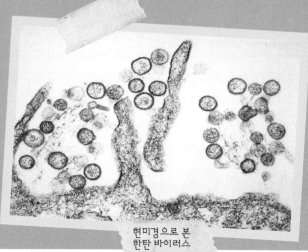

현미경으로 본
한탄 바이러스

죽다가 살아난 선원들의 이야기

1537년, 프랑스의 탐험가 자크 카르티에가 긴 항해 끝에 아메리카 대륙에 도착.

내가 아메리카 땅을 맨 처음 밟았노라~♪

번쩍

어이쿠!

휘청

다리에 힘이 하나도 없는데 갑자기 놓으면 어떡해요?

그리고 이 땅을 처음 밟은 건 1492년, 콜럼버스라고요.

그걸 누가 모르냐? 기분 좀 내 본 거다.

기분?

피가 철철!

잇몸에서 피가 나고 다리는 퉁퉁 붓고 아파서 잘 걷지도 못하는데, 기분은 무슨 얼어죽을….

아이고, 죽겠다.

"펑"

쑝~

"펑"

헉!

습격이다! 모두 엎드려!

내가 여기서 죽다니, 미지의 신세계를 꿈꾼 것뿐인데.

이거 먹어.

싫어, 싫어엉 난 살고 싶어.

@##$%%..

으윽~, 마지막으로 할 말을 하라는 건가? 말해 봤자 알아듣지도 못할 거면서, 흑흑.

허!

푸흑!

꾸울껵

이젠 죽었다.

?

어? 안 죽었네!

안 죽었을 뿐만 아니라 아픈 것도 나아지는 것 같아요.

우리를 잡아 먹으려는 게 아니라 살리려는 건가 봐요.

그러게.

인디언들은 이 나뭇잎을 도대체 어떻게 알아냈을까?

1747년 스코틀랜드의 의사 제임스 린드의 실험실.

바로 이거야. 나뭇잎을 먹고 괴혈병이 나았다면 괴혈병의 원인은 채소와 과일을 오랫동안 못 먹었기 때문이야.

괴혈병은 어떤 병인가요?

괴혈병은 우리 몸에서 비타민C가 부족해지면 생기는 병이에요. 우리 몸에서 비타민C가 부족해지면 몸이 쉽게 피로해지고, 음식을 먹고 싶은 식욕이 떨어지며, 피부가 건조해지면서 거칠어져요. 병세가 심해지면 잇몸과 근육, 뼈가 약해지고, 잇몸에서 피가 나는 것뿐만 아니라 피가 섞인 변을 보게 되지요.

한때 괴혈병은 선원들이 잘 걸린다는 이유로 바다의 병으로 불리기도 했어요. 하지만 선원들뿐만 아니라 육지에서 생활하는 사람들도 괴혈병에 걸렸어요.

가뭄이나 홍수, 병충해로 농사를 망친 지역이나 무서운 전쟁터에서도 괴혈병 환자들이 생겨났지요. 비타민C를 섭취할 수 없는 상황이 되면 누구든 괴혈병에 걸리게 된답니다.

오랫동안 배 위에서 지내며 비타민C를 제대로 섭취하지 못하면 괴혈병에 걸려요.

괴혈병에 걸리면 잇몸이 약해지면서 피가 나기도 해요.

비타민C를 잘 섭취하려면 어떻게 해야 하나요?

비타민C는 신선한 채소와 과일, 우리가 매일 먹는 김치 속에 많이 들어 있어요. 레몬, 귤, 오렌지, 라임과 같은 감귤류에 많이 들어 있지요. 따라서 비타민C를 잘 섭취하려면 이런 과일과 채소를 많이 먹어야 해요.

특히 비타민C는 열에 파괴되는 성질이 있기 때문에, 채소와 과일을 불에 익혀 먹는 것보다는 그냥 먹는 게 더 좋답니다.

! 비타민C가 많이 들어 있는 음식

레몬

김치

귤

비타민은 건강의 필수품이에요!

우리는 살아가기 위해서 음식물을 통해 필요한 에너지를 얻어요. 에너지는 탄수화물, 단백질, 지방 등의 주영양소에서 얻는데, 이 에너지원을 우리 몸속에서 실제 에너지로 바뀌도록 도와주는 역할을 하는 것이 비타민이에요. 비타민은 영양제 형태로 섭취할 수도 있지만, 음식을 통해 섭취하는 것이 가장 좋아요. 비타민은 부족해도 문제지만, 너무 많이 섭취해도 몸에 이상이 생기기 때문에 적절한 양을 섭취하는 게 중요하답니다.

비타민 종류	부족하면 생기는 증상	많이 들어 있는 식품
비타민A	야맹증(어두운 곳에서 사물이 잘 보이지 않는 증상)	과일, 채소, 우유, 치즈, 달걀, 간
비타민B	각기병(다리가 붓고 마비되는 증상), 피로, 피부병, 식욕부진, 빈혈	콩, 간, 고기, 곡류, 계란, 우유
비타민C	괴혈병(잇몸에서 피가 나는 증상)	귤, 토마토, 레몬
비타민D	구루병(척추가 구부러지는 증상), 골다공증(뼈가 약해지는 증상)	생선 기름
비타민E	노화(유해산소로부터 세포를 보호해 주지 못해 노화가 일어나는 현상)	쌀겨, 콩기름, 채소류, 녹황색 채소, 콩류, 간
비타민K	혈액 응고 장애(상처가 났을 때 출혈이 멈추지 않는 증상)	녹색 채소, 간

소가 된 광수

아니 그보다 마~~~~~니.

이걸 쓰니까 기분이 참 좋아요.

헉~ 녀석ᄋ 성질 한번 급하군. 소가 웃을 때까지 가면을 못 벗는다는 얘길 하려던 중인데….

근데 왜 갑자기 핑 돌죠ᄋ

아아아악~

우물 우물ᄋ

음~, 바람 좋고, 흙 내음 좋고, 풀 맛 좋고.

응ᄋ 풀 맛이라고ᄋ 어라ᄋ 내가 지금 풀을 뜯어 먹고 있잖아ᄋ

내… 발ᄋ 털이 북실북실해. 엉덩이엔 꼬리도 달렸어. 그렇다면 난, 소ᄋ 아악~ 음매~ 으, 음매~.

너 왜 그래ᄋ 오늘 풀 맛이 별로니ᄋ

앗ᄋ 소가 하는 얘기를 알아듣겠어.

으응, 난 원래 풀보다는 고기를 좋아하는데….

그럼 너, 비밀의 방 사료를 먹어 보았구나ᄋ

비밀의 방ᄋ 거기 가면 풀보다 맛있는 걸 먹을 수 있니ᄋ

너 아무것도 모르는구나.

이건 비밀인데 거기엔 특별한 소들만 살고 있어. 고기가 들어간 사료만 먹어서 살도 통통하게 찌고 덩치도 엄청 커. 털에 윤기는 또 어떻고.

와~, 굉장하다. 나도 그런 곳에서 맛난 고기 사료 먹으면서 살고 싶다.
쩝쩝

이것도 비밀인데 난 매일 그 사료를 몰래 먹어 왔단다. 그것도 2년 동안이나.

우아~, 부럽다. 나도 고기 사료 좀 먹었으면
쩝쩝쩝

고기 중에서도 양고기가 많아. 최고급 양털을 만들어 내는 양 말이야. 양털만 쓰고 버리기엔 좀 아까워서 인간들이 양의 뼈와 고기, 내장을 사료에 골고루 갈아 넣었대.

그래8 그럼 더 영양가 있고 맛있겠다. 거기가 어딘지 나한테 알려줄 수 있니8

그건 곤란한데···. 음~ 좋아. 넌 꽃도 달고 좀 멋진 편이니까. 내 친구로 삼지.

네가 사람, 아니 소 볼 줄 아는구나. 어서 가자.

쑥쑥커밥 쑥쑥커밥 쑥쑥커밥
쑥쑥커밥 쑥쑥커밥 쑥쑥커밥
쑥쑥커밥 쑥쑥커밥 쑥쑥커밥
쑥쑥커 쑥쑥커밥
냠냠.
맛나다!

우허어허
헉!

이건··· 과, 광우병이다앙
부르르
얘가 왜 이래?
소, 소가 울어요. 소, 소가 죽어요.
버둥버둥

광우병을 전달하는 병원체,
프리온 단백질

미국의 스탠리 프루시너 교수는 프리온 단백질이 새로운 유형의 질병을 일으킨다는 사실을 발견했어요.

프리온은 사람과 동물의 뇌세포에 있는 단백질인데, 뇌의 신경 세포를 스트레스로부터 보호하는 역할을 해요. 그런데 아주 드물게 특별한 이유 없이 이 프리온이 모습을 바꾸거나, 변형된 프리온이 들어 있는 물질을 섭취하면 뇌에 큰 문제가 생겨요. 바로 뇌세포가 죽고 뇌에 구멍이 생기는 거예요. 또한 변형 프리온은 주변의 정상 프리온도 자기처럼 변화시키는데, 이렇게 변형 프리온이 늘어나면서 뇌에 영향을 주지요.

대부분의 세균과 바이러스는 높은 온도에서 죽지만, 프리온은 끓이거나 단백질 분해효소를 사용해도 죽지 않기 때문에 아주 무서운 존재랍니다.

소가 풀을 뜯어 먹지 않고 육류가 든 사료를 먹으면서 광우병과 같은 무서운 질병에 걸리기도 해요.

인간광우병과 비슷한 병이 있다고요?

인간광우병은 광우병에 걸린 소의 고기를 먹은 사람에게 나타나는 병이에요. 이 병에 걸리면 뇌가 스펀지처럼 구멍이 숭숭 뚫려서 기능을 못 하게 되어요.

그런데 인간광우병처럼 사람의 뇌가 스펀지 모양으로 바뀌고, 치료제가 없어서 목숨을 잃어야 하는 무서운 병이 또 있어요. 이 병의 이름은 크로이츠펠트야콥병인데, 줄여서 CJD라고도 해요. 인간광우병의 정체가 정확이 밝혀지기 전에 비슷한 증상이 많다는 이유로, 인간광우병을 변형크로이츠펠트야콥병이라고도 불렀어요.

두 질병은 병에 걸리는 원인과 환자의 나이에서 뚜렷한 차이를 보여요. 인간광우병은 광우병에 걸린 소를 먹어서 걸리는 병이지만, 크로이츠펠트야콥병은 사람의 뇌에 있는 프리온 단백질이 돌연변이를 일으켜서 생기는 희귀병이에요. 또 크로이츠펠트야콥병의 환자들은 대개 55~75세의 노인들이지만, 인간광우병은 나이에 상관없이 나타나지요.

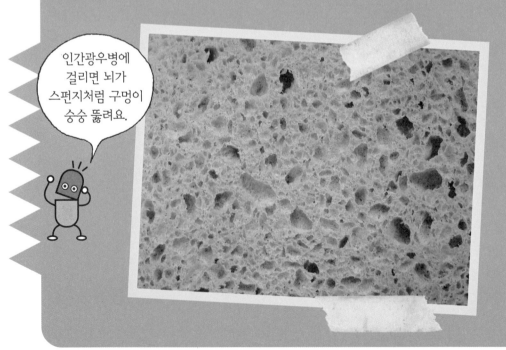

인간광우병에 걸리면 뇌가 스펀지처럼 구멍이 숭숭 뚫려요.

인간광우병에 걸리지 않으려면
어떻게 해야 하나요?

1994년에 첫 번째 인간광우병 환자가 나타나고 나서, 2003년까지 전 세계적으로 150여 명의 사람들이 인간광우병으로 목숨을 잃었어요. 광우병에 걸린 소를 먹게 되면서 일어난 사건이었지요. 그 뒤 양이나 소의 뇌와 내장을 소의 사료로 쓰지 못하게 하고 나서 소들 사이에서 광우병은 급격히 줄어들었고, 그럼에 따라 사람이 인간광우병에 걸리는 확률도 아주 낮아졌어요.

하지만 인간광우병에 대한 걱정은 갈수록 높아지고 있어요. 인간광우병이 병의 증상이 나타나기 전까지 오랜 기간이 걸리고, 광우병의 원인이 되는 변형 프리온을 생기지 않게 하거나 없앨 수 있는 방법을 아직 찾지 못했기 때문이에요.

인간광우병을 예방하기 위해서는 안전한 소고기가 식탁에 오르도록 철저하게 점검하는 사회 시스템이 마련되어야 해요. 소고기를 지나치게 많이 먹는 육식 위주의 식생활에서 벗어나는 것도 중요해요. 인간광우병을 일으키는 광우병이 생기게 된 데에는 소고기를 더 많이 먹고 싶은 사람들의 욕심이 한몫을 했기 때문이거든요.

서양 의학의 아버지
히포크라테스

의술의 신
아스클레오피스
신전.

기도
하시오.

제 병을
고쳐 주세요.

살려
주세요.

후다닥

살려 주세요. 우리 아들
좀 살려 주세요.

신이시여!
제 병을
고쳐 주소서!

내 병
먼저
고쳐
주세요!

쉿! 지금
제사중인 거
안 보이시우?

쉿!

살려 주세요. 우리
아이가 아침부터
정신을 못 차려요.

그럼 신께 기도 드리세요.
아이가 아픈 건 신의 뜻을
잘 따르지 않아서예요.
신이 화가 나서 벌을
내린 거지, 쯧쯧.

사람의 목숨은
다 하늘의 뜻에
달려 있으니 어서
기도나 해요.

기도가 끝나기도
전에 우리 아이가
죽으면 어떡해요?

제사가 끝나면
사제가 와서
진찰해 준다니,
제발 조용히!

무슨 일이오?

아이가
기절했군요?

116

우리 아일 좀 살려 주세요.

어디 좀 봅시다.

아, 이럴 수가 아이가 숨을 쉬지 않아.

후유, 신께 제물을 바치고 빈다고 병이 낫는 건 아닐 텐데. 신께 빌기 전에 아픈 아이부터 돌봤어야 했어.

어서 기도하라니까.

이 남자는 훗날 가장 이름난 의사가 되는데, 바로 서양 의학의 아버지로 불리는 히포크라테스다.

내가 아무리 의사 집안에서 태어나서 의술을 가까이 하고 살았어도… 이집트의 의술을 따라가려면 아직 멀었어.

아니 이렇게 귀중한 약초를 밟다니 당신 정신 나갔소?

탁

쑥스럽구만.

난 이집트에 의학 실습을 하러 온 사람이오. 그건 어떤 병에 쓰는 것이오?

아니 의학 실습을 하러 온 사람이 그것도 모르시우? 여기선 지나가던 개도 약초의 효능을 다 왼다우.

맙소사. 이집트 개보다 나아지려면 열심히 공부해야겠군.

멍 멍 멍

이집트는 수백 가지 약초로 약과 연고를 만들고, 병을 고치는 치료 방법도 풍부하군. 역시 병의 원인과 정확한 치료법을 밝혀 내는 게 중요해.

이집트에서 고향으로 돌아온 히포크라테스는 전보다 더 열심히 사람들의 병을 치료해 주었다. 대신 전처럼 아스클레피오스 신전에서 제사를 진행하지는 않았다.

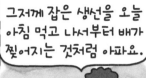

그저께 잡은 생선을 오늘 아침 먹고 나서부터 배가 찢어지는 것처럼 아파요.

잡은 지 오래된 생선을 먹어서 아픈 것이오.

저는 물만 마셨는데도 배가 아파요.

더러운 물을 마셔서 그런 거요. 끓인 물이나 숯에 거른 깨끗한 물을 마셔야 해요.

그럼 저는 왜 어지러운 거죠?

평소에 영양가 있는 음식을 먹지 않아서 그런 거요.

그럼 저는요?

아~ 가려워.

벅벅

벅벅

몸을 씻지 않아서 그런 거요.

우리집 강아지가 다쳤어요.

으르렁

음~, 최선을 다하마. 거기다 두고 가렴.

난 수의사가 아닌데, 쩝!

내가 고향에만 머무를 게 아니야. 의사의 도움이 필요한 아픈 사람들을 위해서 돌아다니면서 치료해 줘야겠어.

약

약

약

약

끙차! 무겁구만

진료기록증

히포크라테스의 노력과 헌신으로 의술은 과학의 한 분야로 발전할 수 있었다.

의술을 과학으로 발전시킨 히포크라테스

옛날 사람들은 사람들이 질병에 걸리는 것은 신이 화가 났기 때문이고, 질병을 고치기 위해서는 신에게 기도를 드려야 한다고 했어요. 히포크라테스는 이런 사람들의 잘못된 생각을 바꿔 놓았어요.

히포크라테스는 여러 가지 이유로 걸리는 질병을 고치기 위해서는 좋은 음식을 먹으면서 적당한 운동을 하고, 약을 쓰거나 칼로 절개하고 소독하는 치료를 해야 한다고 주장했어요. 또 당시에는 아직 세균의 존재가 밝혀지지 않았지만 의사는 몸을 깨끗이 하고 상처를 함부로 만지지 말고, 물은 꼭 끓여서 거른 것을 사용할 것을 강조했지요.

히포크라테스에 의해서 의술은 과학의 한 분야로 발전할 수 있었답니다.

히포크라테스 상

히포크라테스가 존경받는 이유는?

히포크라테스는 질병을 치료하기 위해서는 환자를 잘 살펴보는 것이 중요하다고 강조했어요. 환자의 상태를 정확하게 알기 위해서 환자의 땀과 오줌, 똥, 토한 것까지 냄새를 맡고 맛볼 정도였지요.

그리고 신분에 따라 환자들을 차별하지도 않았어요. 왕족과 귀족뿐만 아니라 농부처럼 평범한 사람들도, 심지어 노예까지 열심히 치료해 주었어요. 사람을 소중히 여기는 마음이 의술의 기본이라고 생각한 것이지요.

사람을 소중히 여기며 환자에게 최선을 다한 히포크라테스는 오랜 세월이 흐른 지금까지도 의사들에게 모범이 되고 있어요.

히포크라테스의 흉상과
한글로 새겨진 히포크라테스 선서

히포크라테스 선서

　　히포크라테스는 제자를 받아들일 때 의사로서 기본적인 약속을 맹세하게 하는 의식을 치렀어요. 이 의식은 현재까지 이어지고 있지요. 그래서 의대생들이 의과대학을 졸업할 때 '히포크라테스의 선서'를 외치게 된 것이랍니다.

　　히포크라테스의 선서는 다음과 같은 주요 내용을 담고 있어요.

"이제 의사가 되면서 나의 생애를 인류 봉사에 바칠 것을 엄숙히 서약합니다.

　　환자의 건강과 생명을 첫째로 생각하고, 최선을 다해 의술을 베풀겠습니다.

　　환자의 비밀을 지키고, 환자의 인류, 종교, 국적, 정당, 정파 또는 사회적 지위에 상관없이 의사로서 의무를 다하겠습니다.

　사람의 생명은 수태된 때로부터 지상의 것으로 존중하겠습니다.

　　어떤 위협을 당할지라도 나의 지식을 올바르지 않은 데 쓰지 않겠습니다."

히포크라테스 선서

키 작은 철이의 남다른 고민

크크, 어디 한번 뺏어 보시지방

내가 못 막을 줄 알고?

슛!

골인!

앗싸~, 2점방

에잇 참, 막을 수 있었는데.

너 같은 땅딸보가 나를 어떻게 막겠어?

뭐방 땅딸보방 못생긴 껑다리 주제에.

탁!

내가 좀 못생겼어도 키가 커서 인기는 짱이거든.

이번 달 우리 반 인기투표 1위는 나였거든.

아, 그러시지방 키 순위도 1위 맞지방 뒤에서~.

키는 다 때가 있다고 했어.

그런데 그 때가 왜 너한테만 유독 안 오는 걸까방

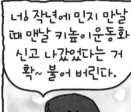

너방 작년에 민지 만날 때 맨날 키높이운동화 신고 나갔었다는 거 확~ 불어 버린다.

그러면 더 좋지. 내 폭풍 성장을 알고 날 더 좋아할걸.

진짜 폭풍 성장이 뭔지 내가 보여 주겠어.

싹
흭

두고 봐!

쌩

폭풍 성장에 앞선 폭풍 먼지

엄마 왜 저를 땅딸보로 낳아 주셨어요?

땅딸보? 호호호ㅎ 다리 밑에서 주워 와서 그런가?

맨날 그 소리ㅑ 이젠 그만 좀 놀리세요.

호호호, 진짠데 얘가 안 믿네. 그러지 말고 병원부터 가자ㅇ

갑자기 병원은 왜요?

그럼 혹시 친자 감별 같은 거 하시려는…?

한 시간 후, 성장 클리닉 방사선과.

차르르르~

잠시 후, 성장 클리닉 진료실.

저 해골 같은 게 뭐지? 으으, 무서워.

저게 네 손과 무릎이란다.

그럴 리가 없어요. 제 손과 무릎을 칼로 도려 낸 적도 없는걸요?

어젯밤에 철이 군 방에 몰래 가서 피부를 쨰고 사진 찍은 다음 감쪽같이 꿰매 놓았는데 자느라고 잘 몰랐던 모양이구나ㅇ

아, 내 손ㅇ

하하하ㅇ 장난 좀 친 건데 진짜로 믿네. X선으로 찍으면 몸 속을 들여다볼 수가 있단다.

후유, 다행이다. X선ㅇ X선이면 무슨 미지수선 같은 건가요?

X선은 독일의 물리학 교수 뢴트겐이 발견한 빛인데 에너지가 높아서 우리 몸이나 물체의 내부를 통과할 수 있단다.

그런 대단한 걸 어떻게 발견했어요?

1895년 뢴트겐이 전기의 흐름을 연구하고 있던 중 우연히 크룩스관에서 이상한 빛이 흘러나오는 걸 발견했는데 그게 바로 X선이었지. 뢴트겐의 이름을 따서 뢴트겐선이라고도 부른단다.

우아, 나도 특이한 빛을 발견하면….

그러면 그 빛은 네 이름을 따서 철이선이라고 불러야겠네ㅇ

제 꿈은 이제부터 과학자예요. 농구선수는 개나 줘 버릴래요.

아자!

키 큰 과학자?

키 큰 농구 선수?

Before 키 작은 농구선수

After 키 작은 과학자

그런데… 손과 무릎을 찍으면 친자 확인도 할 수 있어요ㅇ

친자식이 아니면 어쩌지? 엄마를 아줌마라고 불러야 하나?

으응? 뭔 확인ㅇ

제가 다리 밑에서 주워 왔다고 놀렸더니 그걸 진짜로 믿었나 봐요.

하하하ㅇ 걱정 말거라. 넌 성장판이 아직 활짝 열려 있어서 엄마 아빠보다 더 클 거야.

와, 정말이요ㅇ 민이 너 딱 기다려ㅇ 우리 아빠가 180이니까 난 최소한 190이다.

124

X선 사진은 어떤 원리로 찍히나요?

적외선이나 자외선처럼 우리 눈에 보이지 않는 X선은 에너지가 높기 때문에 우리 몸이나 물체의 내부를 통과할 수 있는 힘이 있어요.

그런데 물체를 통과하는 양은 우리 몸 조직과 물체의 상태에 따라 달라요. 부드러운 조직은 통과하는 양이 많지만 뼈처럼 단단한 조직은 통과하는 양이 적어요. 그래서 X선 사진을 찍으면 신체 조직에 따라 색깔이 다르게 나와요. 폐처럼 X선이 잘 통과하는 곳은 검게 보이고, 피부나 근육 같은 곳은 회색으로 보이고, 뼈는 하얗게 보이는 것이랍니다.

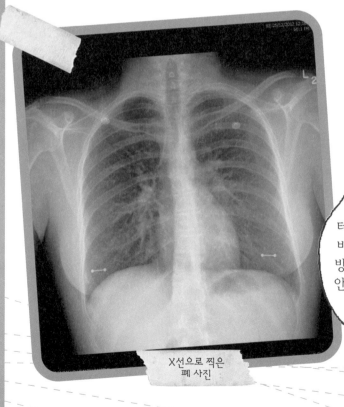

X선으로 찍은
폐 사진

X선은 원자폭탄이 터질 때 나오는 빛이나 물질과 비슷한 방사선의 한 종류예요. 방사선은 원자폭탄과는 비교가 안 될 정도로 아주 적은 영향을 끼치지만 자주 쬐면 좋지 않답니다.

X선은 쓰이는 용도가 아주 많아요

X선은 공업과 예술 분야에서도 널리 쓰이고 있어요.

우선 오래된 건물이 무너질 위험이 있는지 살펴볼 때 이용해요. 이때 X선을 이용하면 건물을 부수지 않고도 내부를 들여다볼 수 있어서 좋아요. 그리고 미술품의 상태를 살펴볼 때나 오래된 미술품의 부서진 부분을 고칠 때도 X선이 쓰여요. X선을 이용하면 물질을 이루고 있는 성분의 종류나 양을 알 수 있기 때문이랍니다.

건물 내부 상태를 X선으로도 확인할 수 있어요.

X선 사진을 보완한 CT와 MRI 촬영

X선 사진의 단점은 몸속을 한쪽 면으로만 보기 때문에 내부 장기의 상태를 정확히 파악할 수 없다는 거예요. 예를 들어 X선 사진으로 가슴 부분을 찍었을 때, 폐에 문제가 있더라도 갈비뼈에 가려서 잘 보이지 않을 수 있거든요.

이런 X선 사진의 단점을 보완하기 위해 만들어진 진단 기계가 컴퓨터 단층 촬영을 뜻하는 CT예요. CT는 X선과 컴퓨터를 결합한 기계로, 도넛처럼 생긴 촬영기에서 X선이 나와서 몸속을 찍으면 컴퓨터가 X선이 통과한 양을 기록하고 계산해요. 그래서 몸속 장기에 생긴 병을 정확히 알 수 있게 해 주지요. 하지만 X선을 한꺼번에 많이 쪼이거나 적은 양이라도 너무 자주 쪼이면 몸에 해로울 수 있어 주의가 필요하지요.

자기 공명 영상인 MRI는 X선 사진과 CT처럼 방사선을 쪼이지 않으면서, 정밀하고 입체적인 영상으로 몸속을 더 정확하게 들여다볼 수 있게 해 줘요. 그런데 X선 사진과 CT보다 비싸고 촬영 시간이 오래 걸려요. 또 원통같이 생긴 검사 장치가 답답한 느낌을 주어서 닫힌 공간에 있지 못하는 폐쇄공포증 환자나 중환자는 찍을 수 없다는 단점이 있답니다.

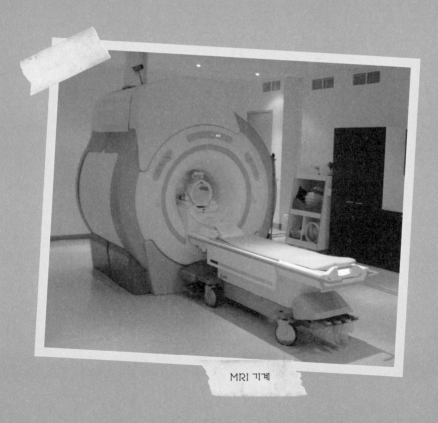

MRI 기계

충치공주가 상아산으로 간 까닭은?

요술쟁이 마을, 밍코와 나나의 집 거실.

나나야, 오늘은 뭘 먹을까?

조용히 좀 해 봐

갑자기 웬 열공 모드?

나 지금 무척 심각해.

뭐가? 무슨 일 있니?

체리가 올라간 케이크와 세 가지 열대 과일 맛 와플 중에서 어떤 걸 먹을까 결정할 수가 없어.

난 또.

오늘은 달고 맛있는 음식이 먹고 싶어.

어제도 초코머핀에 무지개사탕을 먹었잖아.

난 만날 단것만 먹고 살고 싶어.

나도 나도, 그렇지만 충치 때문에 걱정이야. 충치는 요술로도 고칠 수가 없잖아.

뭐 어때? 충치는 잠깐 아프다 말지만 단맛은 오래가잖아.

맞다 맞아. 그렇지! 이 세상 단 음식을 몽땅 다 만들어 먹어 볼까?

달콤한 먹을거리 나와라, 얍!

와구와구! 쩝쩝! 꿀꺽꿀꺽!

벌컥

이 녀석들!

요놈들! 입안에 충치가 생겼으니 단것은 만들어 먹지 말라고 내 그리 일렀거늘!

여기 할머니 좋아하시는 아이스 홍시도 만들었어요.

안 되겠다. 오늘부터 요술봉은 압수다.

어서 요술봉 이리 내!

아, 왜요? 요술봉은 안 돼요.

아, 알았다.

대신 요술을 단 한 번도 쓰지 않고 상아산을 올라 상아산 꼭대기 호숫물을 마시는 사람에게 특별히 충치 치료 요술을 가르쳐 주겠다.

헉헉~! 나, 숨차서 죽을 것 같아.

헉헉~, 조금만 참아.

그런데 네 손에 든 건 뭐니?

응, 사탕하고 초콜릿이야. 너도 먹어

안 돼. 요술 봉을 써서 만든 사탕을 먹으면 요술 봉을 쓴 거나 마찬가지야.

난 요술 빗자루를 만들어서 타고 갈래.

뿅

할머니께서 요술 봉을 쓰면 안 된다고 하셨잖아. 그냥 올라가야 해.

난 먼저 가서 기다릴게.

휙~

난 요술 봉을 쓰지 않고 호숫물을 마셔서 충치 치료 요술을 꼭 배울 거야. 목이 마르니 일단 자작나무 잎을 먹어야겠다.

우적 우적

쩝쩝

자작나무가 달아. 하지만 사탕에 비하면 많이 싱겁잖아.

헉헉

목도 말라랑 콜라도 먹고 싶다. 하지만 참아야지.

불끈

와~, 드디어 다 왔다.

캬~, 달고 시원하다. 탄산음료는 저리 가라야.

후루룩

쩝쩝

쓱~

아~ 팔 아파 죽겠네!

어, 할머니! 나나야!

할머니, 충치 치료 요술 가르쳐 주세요.

그런 요술은 없어.

이런 법이 어딨어요. 할머닌 순 거짓말쟁이야.

버둥 버둥

하지만 넌 이미 충치를 예방할 수 있는 방법을 배웠잖니? 단것을 참을 줄 알게 됐고, 충치 예방에 좋은 자작나무도 먹어 봤고 말이야, 호호호.

충치를 만드는 뮤탄스 균!

충치를 만드는 뮤탄스 균은 단것을 무척 좋아해요. 우리 입안에 살다가 당 성분이 들어오면 그것을 먹고 살지요. 이렇게 뮤탄스 균이 당을 분해하면 그 과정에서 젖산이 생기는데, 젖산은 이를 썩게 만드는 원인이에요. 그래서 입안에 뮤탄스 균이 많으면 충치가 많이 생길 수 있어요.

그런데 우리가 단 음식을 많이 먹으면 어떻게 될까요? 뮤탄스 균의 먹을거리를 많이 제공하는 셈이 되지요. 그러면 뮤탄스 균의 숫자도 무척 늘어날 것이고요. 많은 수의 뮤탄스 균이 당을 먹으면서 젖산을 점점 많이 뿜어내면 당연히 우리 이는 안전하지 못할 거예요. 결국 충치를 만든 것은 뮤탄스 균에게 당분을 제공한 우리의 잘못된 식습관인 셈이지요?

/ 충치를 생기게 하는 것

아이스크림

단 음료

초콜릿

충치를 예방하려면 어떻게 해야 하나요?

우선 뮤탄스 균의 먹이가 되는 설탕이 많이 든 음식을 적게 먹어야 해요.

그리고 가장 기본적인 예방법은 바로 양치질을 하는 거예요. 양치질은 하루에 3번, 밥 먹고 3분 이내에, 3분 정도 구석구석 해야 해요. 뮤탄스 균처럼 충치를 만드는 세균이 활동하기 전에 꼼꼼하게 닦아야 하는 것이지요. 식사를 마친 후는 물론 자기 전에도 이를 닦아 주는 게 좋고, 물을 자주 마시면 입 속의 세균이 씻겨 나가는 효과가 있어요.

또 6개월에 한 번씩 치과에 가서 이의 상태를 검진 받는 것도 중요하답니다.

뮤탄스 균을 굶어 죽게 만드는 자일리톨

자작나무

자일리톨은 자작나무와 떡갈나무, 옥수수 등의 식물에 들어 있는 천연 감미료예요. 설탕처럼 단맛을 내서 설탕 대신 껌과 빵, 과자, 의약품의 원료로 쓰이고, 뮤탄스 균을 굶어 죽게 만드는 기능도 갖고 있어요.

우리가 자일리톨로 단맛을 낸 음식을 먹으면 뮤탄스 균은 자일리톨을 설탕으로 착각하고 맛있게 먹게 돼요. 하지만 자일리톨은 뮤탄스 균의 몸에서 소화되지 않고 그냥 배설되어 버리기 때문에, 영양분을 얻지 못한 뮤탄스 균은 어느 순간 굶어 죽게 되는 것이죠.

그런데 자일리톨은 사람의 장에서 수분을 흡수하는 것을 방해하기 때문에, 지나치게 많이 먹는 것은 곤란하답니다.

> 자작나무에는 자일리톨이라는 성분이 들어 있어요.

충치를 예방하기 위해 수돗물에 불소를 넣으면?

불소는 이 표면을 강하게 만들고, 세균의 활동을 방해해서 프라그가 생기지 않도록 도와주어요. 세계 여러 나라에서는 수돗물에 불소를 넣어 충치를 예방하게 하기도 해요. 하지만 불소를 많이 먹으면 뼈가 약해지고 여러 질병을 일으킬 수 있다는 연구 결과도 있어서 고민을 던져 주고 있지요.

초콜릿이 된 자동차

이걸 먹었는데, 처음엔 배가 아파서 눈을 감고 있었더니 금세 나았어요.

이건 무서운 맛나라버섯이야.

"휘청"

무서운 버섯이라뇨? 눈을 뜨니까 수첩이 빵으로 변하고 연필은 아이스크림이 됐어요. 그래서 맛있게 먹고 있었는데요.

저리 물러나라. 이 버섯은 독버섯이고 곁에 있는 요정에게 금방 전염이 돼.

독버섯이라뇨? 전 아무렇지도 않고 맛있는 과자까지 절로 생긴걸요.

이걸 먹은 사람이 만진 것은 다 맛있는 음식으로 변한단다.

할아버지? 그럼 좋잖아요. 저도 맛나라버섯 먹을래요.

그건 안 된다. 아무리 많이 먹어도 배가 부르지 않아서 계속 먹게 되는 무서운 증상이 나타나.

우아, 아무리 먹어도 배가 부르지 않으면 맛있는 걸 계속 먹을 수 있잖아요. 할아버지 배고파요.

호동아. 지금부터 절대 아무것도 만지지 말고 꼼짝 말고 여기서 기다리고 있거라.

아아~, 맛나라버섯 중독 건으로 곧 투표가 있을 예정이오니 메일을 잘 읽어 보시고 한 요정도 빠짐없이 투표해 주시길 바랍니다.

맛나라버섯에 중독된 요정을 숲 속에 홀로 남겨 두는 것에 찬성하면 ○표를, 반대하면 ×표를 누르시오.

어린애를 숲 속에 홀로 남겨 두면 짐승들에게 물려갈 텐데….

135

마을에 데려오면 마을 사람들에게 전염될 테고, 어쩌지요

그래도 만지는 대로 다 맛있는 음식이 되면 정말 신날 것 같은데.

당신 뚱보 되면 날지도 못하고 어쩌려고 그래요

그럼 당신은 찬반 어느 쪽이에요?

암만 부부 사이래도 그건 비밀이오.

Click!
Click!
Click!
Click!
Click!
Click!
Click

투표 결과를 말씀 드리겠습니다. 마을 요정 총 101명 중 찬성 50표, 반대 50표. 저만 남았군요.

두구두구두구~

반대입니다.

후유~

이게 잘 한 선택인지 모르겠군!

며칠 후.

집은 케이크로 만들어 먹자.

야아~, 자동차를 초콜릿으로 만들어 먹으니 정말 맛있는데.

우적우적

와작와작!

나무를 젤리로 만들자. 얌!

할아버지, 생일 파티에 입을 옷 사 주세요, 빨리요

마을 요정들이 다 뚱뚱해져서 옷감이 모자란다는구나. 낸들 어쩌겠니8

옷 안 사 주면 숲 속 나무들을 모두 과자로 만들어서 다 먹어 버릴 거야, 앙앙앙~

버둥 버둥

후유~, 내가 과연 투표를 잘 한 걸까요

앙앙앙~

비만은 질병이래요

우리 몸은 근육, 지방, 뼈, 수분 등 여러 가지 물질로 구성되어 있어요. 그런 성분 가운데 비만은 지방이 지나치게 많이 쌓여 있는 상태를 말해요. 모든 요소가 균형 있게 유지되어야 하는데, 지방 성분이 특별히 많이 쌓여 있으면 여러 가지로 해가 된답니다. 같은 체중이더라도 근육에 비해 지방 성분이 많이 쌓여 있으면 여러 가지 문제가 발생하지요. 특히 당뇨병, 고혈압, 고지혈증, 관상동맥 질환과 같은 성인병의 원인이 되고, 암과 관절 질환을 일으킬 확률이 높아요. 그래서 비만은 무엇보다 조심해야 하는 질병이에요.

뚱뚱하다는 외모에 대한 열등감으로 사람들과 만나기를 피하거나 우울증이 생길 수 있는 점도 비만이 가져오는 문제 중 하나랍니다.

비만은 보기도 안 좋지만 건강에도 매우 좋지 않기 때문에 비만 상태가 되지 않도록 해야 해요.

왜 비만 환자가 되는 걸까요?

비만 상태로 되는 데에는 여러 가지 원인이 있어요. 다른 질병이나 약품 때문에 몸에 지방이 많이 쌓여 비만 환자가 되는 경우도 있어요. 비만은 유전적인 영향도 커요. 부모가 모두 비만이면 자녀들도 비만인 경우가 많지요.

하지만 비만이 되는 가장 중요한 이유는 먹은 만큼 움직이지 않는 생활 습관 때문이에요. 달고 기름진 패스트푸드와 화학조미료와 같은 첨가물이 많은 과자와 단 음료수를 자주 먹는 것도 비만을 부추기는 원인이랍니다.

비만을 부르는 음식, 패스트푸드

비만을 없애는 생활 습관은 어떤 거예요?

비만 상태가 되지 않으려면 바른 식사 습관과 규칙적인 운동 습관을 가지는 게 필요해요.

바른 식사 습관은 항상 일정한 시간에, 식탁처럼 정해진 장소에서, 가족이나 친구들과 대화하면서 천천히 식사를 하고, 달고 기름진 음식보다 신선한 과일이나 채소

수영

를 많이 먹는 거예요.

이와 더불어 자전거 타기나 줄넘기, 수영처럼 유산소 운동을 꾸준히 하고, 자기 방 청소하기, 계단 걸어 다니기처럼 생활 속에서 자주 움직이는 습관을 들이면 비만을 막을 수 있어요. 또한 적당한 운동은 성장판을 자극해서 키를 쑥쑥 자라게 해 주지요.

자전거 타기

줄넘기

 소아 비만이 더 무서워요!

어린이들에게 생기는 비만을 소아 비만이라고 해요. 그런데 소아 비만은 어른들의 비만보다 더 무서워요. 소아 비만인 경우, 어른이 되어서도 비만이 될 가능성이 클 뿐만 아니라 성인병에 걸리기 쉽기 때문이지요. 예전에는 어른들만 걸리는 질병으로 알았던 성인병이 비만 때문에 어린이들에게도 나타나고 있거든요.

또한 소아 비만은 몸의 성장을 빠르게 해서, 너무 빨리 어른의 몸으로 변하게 만드는 성조숙증을 일으켜요. 이런 어린이들은 친구들에 비해서 빨리 변한 몸 때문에 부끄러움을 타 성격 형성에도 안 좋은 영향을 주지요. 그리고 가장 걱정되는 것은 성조숙증에 걸리면 성장판이 빨리 닫혀서 키가 더 이상 자라지 않는다는 것이랍니다.

길수 씨의 프리한 어린 시절

그러니까 그런 대단하신 새아빠나 챙기시라고요.

쟤가 몸이 아프더니 마음의 상처까지 생겼네. 길수 어릴 때 내가 집을 자주 비우는 게 아니었어.

길수 씨의 초등학교 시절. 학교 앞 PC방.

앗싸 이젠 한 놈만 잡으면 내가 최고 점수다.

길수야, 집에 안 가?

아, 어떤 놈이야? 총 맞아 죽었잖아.

미, 미안 벌써 9시인데 집에 안 가냐고?

너 땜에 죽었으니까 게임비 주고 가!

내일이 시험인데 벼락치기라도 해야지. 빨리 가자고.

집에 가 봤자 엄마도 안 계시고 시험공부 따윈 난 안 해.

넌 좋겠다 엄마 잔소리 안 들어도 되고.

부러우면 어서 게임비나 주고 집에 가셔.

나 돈 없어.

그럼 네 손에 든 남은 과자라도 대신 주든가.

야, 넌 그렇게 먹고도 부족하냐?

그렇다, 왜? 그래도 너처럼 돼지는 아니거든.

뭐? 나더러 돼지라고? 너는 나보다 백배는 더 돼지거든.

넌 꼬맹이 때부터 돼지였잖아. 이 원조 돼지야?

니네 엄마는 돼지 되라고 돈을 아주 많이 주시나 보지?

용돈 많이 받는 것도 죄냐?

죄라면 밥도 안 해주는 니네 엄마가 더 많아?

우리 엄마가 밥 안 해 주시는 거 니가 봤어?

아~니? 하지만 반대로 니가 밥 먹는 걸 못 봤지.

밥 안 먹고 사는 사람이 어딨어? 난 밥 먹는다고, 매일….

아, 그러셔. 밥도 먹고 햄버거도 먹고 컵라면에 피자 한 판 다 먹고, 너 정말 돼지 맞구나. 왜 이것도 먹을래?

내가 바빠서 오늘은 이걸로 끝내지. 어서 사라져 오리지날 돼지야.

탁

음~, 이 과자 맛이 끝내주는걸?

와작 와작

아저씨, 여기 콜라 1리터짜리 하나 더 주세요.

탈 탈 탈

콸 콸 콸

이렇게 될 줄 그때 알았더라면….

세종 대왕을 괴롭힌 소갈증은 당뇨병!

당뇨병은 이자가 인슐린이라는 호르몬을 제대로 내보내지 못할 때 생기는 병이에요. 우리 조상들은 당뇨병을 소갈증이라고 불렀는데, 세종 대왕도 소갈증에 시달렸다고 해요.

우리가 먹는 음식물은 포도당으로 변해서 혈액으로 들어가요. 그리고 세포로 운반되고 흡수되어서 에너지로 바뀌지요. 그런데 이자에서 인슐린이 제대로 나오지 않으면, 포도당이 세포에 흡수되지 못하고 혈액 속에 남아 있다가 소변으로 빠져 나오고 말아요.

이런 이유로 당뇨병에 걸리면 물을 많이 마시고, 소변을 자주 보고, 음식을 자주 먹게 되는 세 가지 증상이 나타나요. 이외에도 많이 먹어도 체중이 줄고, 몸에 생긴 상처가 잘 아물지 않고, 항상 기운이 없고 피곤함을 잘 느끼게 된답니다.

당뇨병 환자의 증상

당뇨병에 왜 걸리나요?

당뇨병은 유전이나 바이러스 감염 등의 문제로 이자에서 인슐린이 만들어지지 않을 때 생길 수 있어요. 또 몸이 비만해지거나 스트레스를 많이 받으면 인슐린이 제 역할을 못 해서 당뇨병에 걸리지요. 요즘 비만인 어린이와 청소년이 늘어나면서, 소아당뇨 환자도 많아지고 있어서 큰 문제가 되고 있답니다.

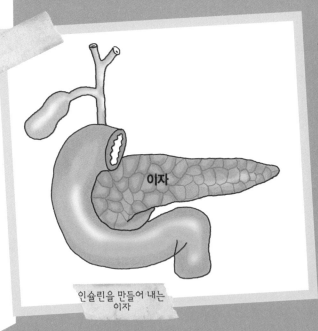

이자

인슐린을 만들어 내는
이자

당뇨병은 왜 무서운가요?

당뇨병은 한번 걸리면 고치기 어렵고, 몸의 구석구석에 여러 가지 합병증을 일으키기 때문에 무척 위험한 질병이에요.

당뇨병의 합병증으로 망막증이나 신부전증, 신경증 등이 생기기도 해요. 망막증이 생기면 시력을 잃게 되고, 신부전증이 생기면 콩팥이 제 기능을 못해 몸에 노폐물이 쌓여 붓기도 해요. 또한 신경증이 생겨 온몸이 저리고 아프게 돼요. 당뇨병이 더욱 심해지면 손이나 발끝이 시커멓게 썩기도 하지요. 그리고 당분이 많아서 끈끈한 혈액은 혈관을 막아 동맥경화를 일으키고 심근경색과 같은 심장병을 일으키기도 한답니다.

당뇨병을 이기려면 어떻게 해야 하나요?

당뇨병은 잘 치료가 되지 않지만 관리만 잘 하면 정상인과 다름없이 생활할 수 있어요. 하지만 어린이들이 당뇨에 걸리면 어른처럼 스스로 혈당을 재고 인슐린을 몸에 주사하기가 쉽지 않아서 더욱 조심해야 해요. 그러니 당뇨병에 걸리지 않도록 주의해야겠지요?

당뇨병에 걸리지 않기 위해서는 흰쌀이나 밀가루, 설탕, 소금, 인스턴트 식품, 고기 등은 적게 먹고, 잡곡밥과 채소, 과일, 해조류와 생선을 적당히 먹어야 해요. 늘 규칙적으로 운동하고 휴식을 잘 취하는 것도 중요해요. 자주 웃고 기분 좋은 생각을 많이 하면 스트레스를 줄일 수 있어요. 맑은 공기를 마시고 깨끗한 물을 많이 마시는 것도 당뇨병을 예방하는 데 도움이 된답니다.

인슐린 주사제

당뇨병에 걸리면 우리 몸 안에서 인슐린 분비가 제대로 되지 않기 때문에 외부에서 인슐린을 주사해 줘야 하지요.

수호천사도 못 구하는
준하 아빠의 일상

사람들의 수호천사들이 모여 있는 구름 위.

준하 아빠가 걱정이야.

준하 아빠가 왜?

준하 아빠가 고혈압이잖아.

난 또 뭐라고. 그거 아주 흔한 병 아니야?

뭐? 흔한 병? 니가 지키는 사람이 아니라고 너무 쉽게 말하는 거 아니야? 혈압 때문에 심장병, 뇌출혈, 뇌경색까지 올 수 있다고?

안 돼!

니가 웬 일로 준하 아빠 걱정을 다 해 주니?

그런 일이 생긴다면 우리 준하가 마음 아파할 거야.

헉 어쩐지.

검색 좀 해 볼까?

왜 또 준하 아빠에게 관심이야?

행여나 우리 준하가 마음 아파할 일이 생기면 안 되니까.

그럼 준하 아빠를 나랑 같이 지켜 주기로 한 거야?

딱 준하 아빠 고혈압이 나을 때까지만 같이 다니는 거다.

고마워! 네가 있어서 더 빨리 나을 수 있을 거야.

준하 아빠는 왜 고혈압이 생겼어?

으응, 준하 아빠는 비만인 데다가 만날 짜고 달고 기름진 음식을 먹어. 운동도 전혀 안 하고, 술도 많이 마셔. 요즘 스트레스를 많이 받는지 담배도 자주 피우잖아.

그럼 우리 준하도 비만인 데다가 짜고 달고 기름진 음식만 좋아하니까 고혈압에 걸리겠네.

또 준하만 생각한다.

미안! 준하를 지키는 게 내 본능이라서.

하긴 어린 게 고혈압이 되면 얼마나 힘들겠어.

검색해 보니까 혈압은 혈관에 찌꺼기가 쌓여 혈관이 좁아져 생기는 병이래. 몸속 곳곳에 산소와 영양분을 나르는 혈액이 한꺼번에 비좁은 혈관을 지나가면서 혈관벽을 마구 차니까 얼마나 아프고 힘들겠어.

우리 몸의 건강을 지켜 주는 혈압!

심장에서 나온 혈액이 혈관을 지나갈 때 혈관 안에 생기는 압력을 혈압이라고 해요. 혈압은 심장이 움츠러들었을 때 120mmHg(밀리미터수은)보다 낮고, 심장이 늘어났을 때 80mmHg보다 낮아야 정상이라고 해요.

그런데 최고 혈압이 150~160mmHg 이상, 최저 혈압이 90~95mmHg 이상이 되면 고혈압이라고 하지요.

고혈압과는 반대로 정상 혈압보다 혈압이 낮은 상태를 저혈압이라고 해요. 저혈압 상태가 되면 혈액이 산소와 영양분을 활발하게 전해 주지 못해서, 피로해지고 머리가 아프고 때로 어지럼증을 느낄 수 있어요. 고혈압도 문제가 되지만 저혈압도 건강에는 좋지 않아요.

그러니 적당한 혈압 상태를 유지하는 것이 중요하겠지요.

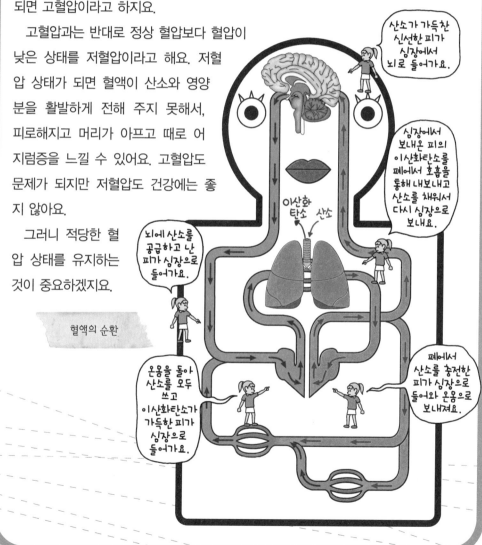

혈액의 순환

고혈압 때문에 심장과 혈관이 아파요!

혈관에 찌꺼기가 쌓여 혈관이 좁아지면, 혈압이 높은 고혈압 상태가 되어요. 마치 사람이 꽉 찬 엘리베이터처럼 되는 거예요. 이렇게 고혈압이 되면 혈관의 공간이 부족해서 혈액들이 혈관벽 이리저리 부딪히게 돼요. 이런 상태가 계속되면 심장과 혈관 벽이 상해서 여러 가지 병이 생기지요.

정상 혈관

좁아진 혈관

심장이 아파서 제 역할을 못 하면 숨을 쉬기 힘들고, 일상생활을 하기 힘들 정도로 몹시 피곤해져요. 혈관이 아프면 우리 몸 곳곳에 혈액과 산소를 잘 전달하지 못해서 심장은 물론 뇌, 콩팥도 망가지기 쉬워요. 심장 발작이 일어나거나 심장 근육이 딱딱해지고, 뇌와 연결된 혈관이 막히거나 찢어지는 무서운 질병도 고혈압 때문에 생기는 거예요.

고혈압이 걱정된다면 올바른 생활 습관을 가져요!

고혈압은 위험한 합병증을 가지고 있지만 평소 관리를 잘하고 올바른 생활 습관을 가지면 크게 걱정하지 않아도 돼요.

가장 기본적인 생활 습관은 비만 상태가 되지 않도록 적당하게 먹고 규칙적으로 운동하는 것이에요.

음식을 짜게 먹지 않고 기름기 많은 패스트푸드와 고기를 적게 먹어야 해요. 대신 신선한 채소와 과일, 김과 미역 같은 해조류를 많이 먹으면 좋아요.

어른들이 즐기는 술과 담배는 고혈압에 아주 나쁜 영향을 주기 때문에, 술과 담배는 하지 않는 생활 습관이 필요해요. 스트레스도 고혈압의 중요한 원인이에요. 늘 즐겁고 긍정적으로 생각해 스트레스를 받지 않도록 해요.

또한 잠을 푹 자는 것은 키만 크게 하는 게 아니라 고혈압을 없애는 데도 도움이 된답니다.

! 고혈압을 이기는 음식

토마토

감자

연근

등푸른 생선

헨젤과 그레텔의 마녀의 집 탈출기

헨젤과 그레텔이 갇힌 마녀의 집 주방.

과자를 한꺼번에 많이 만들어 놓고 헨젤에게 잔뜩 먹여야겠어.

과자가 안 상하게 하려면 방부제를 듬뿍 넣어야지.

색깔이 예쁘면 헨젤이 더 많이 먹겠지?

인공 감미료

인공 색소

헨젤아, 이걸 다 먹으렴. 설마 이 맛있는 걸 싫다곤 않겠지?

맛있긴 하지만 혼자서는 먹기 싫어요. 할머니가 같이 먹으면 먹겠어요.

까다로운 녀석. 빨리 살찌워 잡아먹으려면 할 수 없지. 어서 먹자.

음식은 복스럽게 먹어야죠.

이런 과자가 떨어졌네. 더 만들어야지.

주머니가 큰 옷을 입고 오길 잘했어. 먹은 걸 다 뱉어내자.

퉤 퉤 퉤

과자를 더 구워야 하니까 그레텔, 넌 얼른 가서 나무나 해 와.

예~

헨젤, 소매 걷고 팔 좀 보여 주렴. 살이 좀 쪘나?

여기요.

마귀할멈이 눈이 어두워서 참 다행이야.

배롱나무 가지

맛있는 과자를 그렇게 많이 먹었건만 이렇게 삐쩍 말랐다니.

뼈만 앙상하네!

헨젤, 넌 뭘 먹어야 살이 찔 것 같니?

저는 고기를 좋아해요. 그것도 바싹 태운 걸로요.

할 수 없군. 남은 과자는 내가 다 먹고 오늘부턴 고기를 줘야겠어.

그레텔, 냉동실에 가서 소고기와 돼지고기를 내다 팍팍 구워라!

예~

성장 촉진 사료 먹인 돼지고기

항생제 사료 먹인 쇠고기

고기가 산더미처럼 쌓여 있네

할머니, 고기 익었나 안 익었나 맛 좀 봐 주세요.

덥석

153

아~, 써. 너무 태운 거 아니냐?

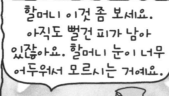

할머니 이것 좀 보세요. 아직도 뻘건 피가 남아 있잖아요. 할머니 눈이 너무 어두워서 모르시는 거예요.

그래? 내가 이빨은 좋아도 눈은 좀 침침하긴 하지. 좀 더 익히거라.

할머니 다시 맛 좀 봐 주세요.

입맛이 변했나? 이상하게 쓰네.

와구 와구

할머니 이것도 맛 좀 보세요.

할머니, 이것도.

이것도.

와구 와구

우적

질겅 질겅

쩝쩝

우적 우적

됐다, 이 정도면 충분히 탔어. 이제 이걸 헨젤에게 먹여야지. 옛다, 먹어라.

전 혼자선 안 먹는다니까요. 같이 먹어요.

너무 먹었더니 배가 터질 것 같아, 젠장. 너도 빨리 먹어봐

우적

우적

우적 우적

퉤 퉤 퉤

우적 퉤! 우적 퉤! 우적우적 퉤퉤!!

헨젤과 마귀할멈이 탄 고기와 씨름한 지 어느덧 1년이 지났다.

질겅 꿀꺽! 쩝쩝 꿀꺽! 질겅 쩝쩝 꾸울꺽!

으으~, 젠장 내 인생이 앞으로 이렇게 끝나다니. 너희 어디 가도 날 돌봐야지.

154

마귀할멈이 준 걸 다 먹었다면 우리도 암에 걸렸을 거야.

그보다 우리가 할멈 몰래 신선한 음식을 만들어 먹지 않았으면 우린 죽었을 거야.

할머니, 모든 병의 근원은 잘못된 식습관에 있다는 걸 아셨어야죠.

알아도 이젠 늦었지 뭐, 쯧쯧.

한 걸 음 더

이상한 세포를 만드는 암

우리 몸은 수많은 세포로 이루어져 있는데, 세포에 문제가 생겨서 혹처럼 덩어리 모양의 종양이 되는 것을 암이라고 해요. 그런데 몸에 생긴 종양이 모두 암은 아니에요. 몸의 일부에 생기고 다른 기관으로 퍼지지 않는 종양을 양성 종양이라고 하고, 암처럼 위험한 종양을 악성 종양이라고 해요. 암은 몸 전체로 퍼지면서 정상 세포를 죽이고, 몸의 조직이나 장기를 파괴하는 무서운 질병이에요.

오래전부터 우리나라 사람들의 사망 원인 1위는 암이에요. 우리나라 사람들은 암 중에서도 위암, 간암, 폐암에 많이 걸린다고 해요. 치료 기술의 발달로 치료 후에 5년 이상 사는 사람들이 점점 늘어나고 있지만 여전히 암은 고치기 힘든 무서운 질병이에요.

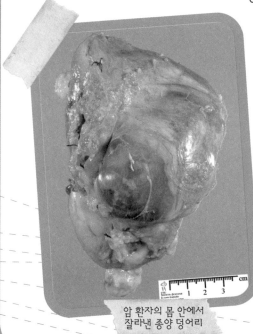

암 환자의 몸 안에서 잘라낸 종양 덩어리

암은 어떻게 치료할까요?

암을 치료하는 일반적인 방법으로는 수술, 방사선 치료, 항암 치료 등이 있어요. 암의 종류와 상황에 따라 한 가지 방법으로 치료하기도 하고, 두 가지 이상의 방법을 함께 쓰기도 해요.

수술은 암세포가 더 이상 퍼지지 않도록, 암이 처음 생긴 부위와 그 주변의 조직을 잘라내는 방법이에요. 방사선 치료는 암이 생긴 곳에 방사선을 쏘아서 암세포를 죽이는 방법인데, 화상을 입거나 다른 종양이 생기는 부작용이 있어요.

항암 치료는 수술을 할 수 없거나 암세포가 여러 곳으로 퍼졌을 때 주로 이루어지는데, 항암제 약을 먹거나 주사를 맞는 방법으로 암세포를 공격해요.

암은 초기에 발견하면 나을 수 있기 때문에 정기적인 검진을 하는 것이 꼭 필요하답니다.

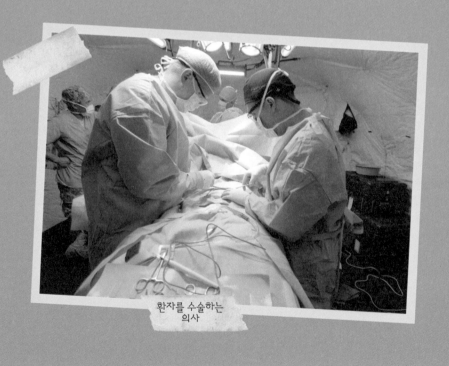

환자를 수술하는
의사

암을 예방하려면 어떻게 해야 할까요?

암은 낫기 힘든 무서운 병이지만, 비만, 당뇨, 고혈압처럼 생활 속에서 충분히 예방할 수 있는 생활 습관 병이에요.

암은 음식, 환경과 큰 연관이 있으므로 음식을 주의해서 먹고 좋은 환경에서 지내야 해요.

너무 짜거나 매운 음식은 위와 장을 힘들게 하고, 탄 음식은 몸속에 쌓여서 암세포를 만들어요. 농약을 많이 쓴 농작물, 항생제와 성장촉진제를 넣은 사료로 키운 수산물과 축산물, 여러 색소와 방부제가 들어간 과자와 음료수도 무척 해롭지요.

담배 연기와 자동차가 뿜어내는 배기가스, 도시의 먼지에는 암을 일으키는 발암 물질이 많아요. 또한 전자 제품에서 나오는 전자파를 많이 쬐거나 플라스틱 제품을 잘못 사용하는 것도 좋지 않아요. 환경 호르몬의 영향을 받아서 우리 몸에 나쁜 영향을 주거든요.

암을 예방하기 위해서는 규칙적으로 운동하고 밤에 잠을 푹 자는 것도 중요하답니다.

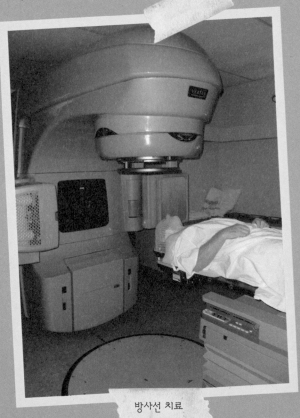

방사선 치료

진우할머니의 집은 어디인가요?

어떻게 들어오셨는지 저희 집에 오셔서 밥까지 달라고 하시네요.

서교동 집 주인

정말 죄송해요. 여기는 저희가 전에 살던 집인데, 어머니께서 지금 사는 집과 혼동하셨나 봐요.

이런 노망 난 노인네를 혼자 다니게 두시면 안 돼죠.

이런 못된 며느리 같으니라고 힘들게 일하고 온 아범한테 왜 그러는 거냐?

어머어머~, 또 그러시네. 할머니 저는 할머니의 며느리가 아니라니까요.

어머니 어머니의 며느리는 저잖아요.

아범아, 근데 이 아주머니는 누구냐?

어머니 어머니 며느리는 여기 있잖아요. 왜 엉뚱한 사람을 며느리라고 우기세요.

이젠 이 어미가 늙었다고 거짓말까지 하는구나.

이 노망 난 할머니가 하도 밥 차리라고 호통치시길래 얼떨결에 밥을 차려 드렸더니….

우리 할머니한테 노망 노망 하지 마세요. 할머니는 치매에 걸리신 것뿐이에요.

진우야! 니 마음은 알지만 지금은 아무 말도 하지 말고 가만히 있거라.

저희 어머니가 어떻게 하셨는데요?

이 할머니가 밥도 안 주고 시어미를 굶겨 죽이려고 하느냐며 계속 밥 내놓으라고 하시는 거예요.

정말 죄송해요. 저희 어머니 때문에 괜한 곤욕을 치르셨네요. 감사합니다. 사례비는 넉넉히 드릴게요.

사례비 받자고 연락드린 건 아닌데, 굳이 주시겠다면….

그런데 아주머니께서 우리집 전화번호를 어떻게 알고 전화하셨어요?

밥도 안 줘서 서럽다며 사진 하나를 꺼내 놓고 울고불고 하셔서 제가 마음이 얼마나 아팠게요. 그래서 봤더니 사진 안에 할머니 성함과 집 전화번호가 있지 뭐예요.

아주머니는 정말 인정이 많고 따뜻한 분이세요. 다시 한 번 감사드려요.

제가 뭘요. 근데 사례비는 언제…?

아범아, 월급 탔으면 어미한테 갖다 줘야지.

어머니!

어머니!

할머니!

어멈아, 월급으로 실 사서 아범 스웨터 하나 떠 주렴, 날도 추운데.

엄마가 직접 뜬 거야.

난 엄마가 떠 준 옷이 젤 좋아요.

← 3년 전 할머니

← 3년 전 아빠

어머니가 젊으셨을 때 많이 하셨던 뜨개질을 다시 하시면 기억이 돌아오는 데 도움이 되지 않을까?

엄마가 직접 제 스웨터 떠 주세요, 네?

저도요, 할머니.

사례비는?

치매는 어떤 병인가요?

치매는 뇌가 아파서 생각하는 능력을 잃게 되는 질병이에요. 치매에 걸리면 점점 기억력이 떨어지고, 감정이 불안해져서 쉽게 화를 내고 이상한 행동을 하게 돼요. 치매가 아주 심해지면, 걷거나 식사를 하거나 옷을 입거나 대소변을 보는 등의 일상적인 활동도 못 하게 되지요.

치매는 주로 노인들에게서 많이 나타나는데, 치매의 원인이 되는 질병은 여러 가지예요. 이 중에서 가장 많은 수를 차지하는 게 알츠하이머병이고, 뇌에 연결된 혈관이 막혀서 뇌세포가 죽는 혈관성 질환도 치매를 일으켜요. 이밖에 고혈압, 당뇨병, 심장병도 치매를 일으킬 수 있기 때문에 평소의 건강 관리가 매우 중요하답니다.

요양원에서 요양중인
치매 환자들

치매는 고칠 수 없나요?

기억을 잃어버리는 치매는 환자 본인뿐만 아니라 환자 가족들에게도 고통을 안겨 주는 심각한 질병이에요. 그리고 치매를 치료하는 확실한 방법이 없기 때문에, 치매에 걸리지 않도록 예방해야 하지요.

무엇보다 책을 읽고, 쓰고, 말하고, 새로운 것을 배우는 일처럼 뇌를 계속 써 주는게 중요해요. 영양가 있는 음식을 잘 챙겨 먹고, 꾸준히 운동을 해야 뇌 건강에 좋아요. 바느질하기나 가위 오리기처럼 손을 자주 움직이는 것도 큰 도움이 되고요. 정신 건강을 위해서 평소 감정을 잘 표현하고 스트레스를 쌓아 두지 말아야 해요. 또 외롭게 혼자 있는 것보다 여러 사람들과 어울려 즐거운 시간을 갖는 게 좋아요.

치매는 초기에 치료를 시작하면 뇌의 기능이 더 이상 나빠지지 않도록 막을 수 있어서, 노인들은 정기적으로 건강 검진을 받는 게 좋답니다.

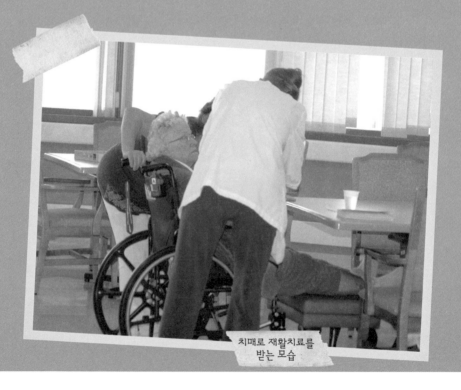

치매로 재활치료를
받는 모습

파킨슨병도 치매를 일으켜요!

알츠하이머처럼 주로 노인들이 잘 걸리는 파킨슨병도 치매를 일으키는 질병 중의 하나예요.

파킨슨병은 뇌의 신경 세포가 파괴되어서 근육을 잘 쓸 수 없게 되는 질병이에요. 뇌의 신경 세포가 파괴되면 근육을 움직이게 하는 도파민이라는 물질이 잘 분비되지 않아서 근육을 잘 쓸 수 없게 되는 거예요.

파킨슨병에 걸리면 팔다리가 자주 떨리고 발을 질질 끄는 걸음걸이가 되다가, 점점 허리와 무릎이 구부러져 구부정한 자세가 돼요. 심해지면 얼굴 근육도 굳어져 무표정해지고 몸을 움직이기가 힘들어져요.

파킨슨병도 낫기 힘든 난치병이지만 유전자치료법과 같은 새로운 치료법들이 개발되어서 희망을 주고 있답니다.

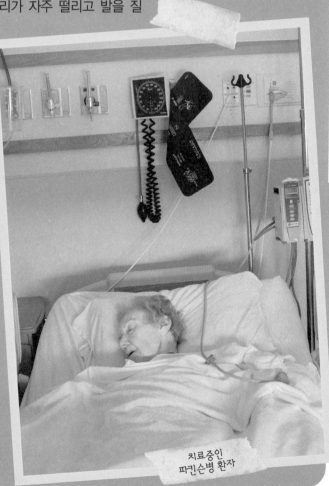

치료중인
파킨슨병 환자

예민이의 참한 방귀를 위하여!

전도 못 먹겠어요.

아니 왜요?

김치전이잖아요.

이럴 줄 알았으면 예민이가 가자는 곳으로 그냥 갈 걸 그랬어.

그건 안 돼요. 패밀리 레스토랑은 순 고기 요리뿐이라 변비에 안 좋다고요.

안 그래요. 샐러드도 얼마나 많은데요.

샐러드는 먹기나 하시면서요?

괜히 나만 갖고 그러셔.

그만하고 어서 먹읍시다.

뿌오옹~!

내 방귀 소리가 작아서 다행히 아무도 못 들었어.

이게 무슨 냄새야?

어응~, 지독해.

저, 저 아니에요.

아니긴, 우리 뿡뿡이 공주님 맞지.

매일 피자, 치킨, 햄버거 같은 거만 먹으니까 냄새가 이렇게 지독하지.

앞으론 참을게요.

방귀를 참으면 몸에 해로워. 그보다는 향기로운 냄새가 나는 착한 방귀를 뀌도록 노력하렴.

165

세상에 그런 방귀가 어딨어요?

콩, 당근, 김치 같은 채소를 먹으면 참한 방귀가 나온단다.

에이 엄만 순 엉터리 거짓말 마세요.

윽, 또 방귀가 나오려고 하네.

발 뒤꿈치로 똥꼬를 막아야지. 이러다 똥 나오는 거 아냐?

예민아 편하게 앉지 않고 니 자세가 왜 그러니?

전 이 자세가 펴, 편해요.

전혀 안 편해 보이는데? 어디 아픈 거 아니니?

제, 제가 아픈 데가 어디 있겠어요?

아 참! 예민이 너, 오늘 아침에도 볼일 못 봤지?

엄마는 하필 밥상 앞에서 또, 똥 얘길 하세요?

너 벌써 일주일째 아니냐? 지금이라도 화장실 갔다 오렴.

안 돼요. 전 우리집 화장실 아니면 볼일을 못 보잖아요.

예민이가 오랜만에 한바탕 똥을 쌀 모양이니 어서 집에 갑시다.

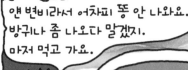

얜 변비라서 어차피 똥 안 나와요. 방귀나 좀 나오다 말겠지. 마저 먹고 가요.

뿌지직

똥이 잘 나오지 않는 변비

우리가 입으로 먹은 음식은 식도와 위, 작은창자를 거치면서 소화되고 영양소는 흡수되지요. 그런 다음 몸에 필요하지 않은 음식 찌꺼기는 큰창자에서 똥으로 만들어져 밖으로 나와요.

그런데 큰창자에서 수분을 너무 많이 흡수해서 똥이 딱딱해지거나 장운동이 활발하지 않으면 똥을 시원하게 누지 못하는 변비에 걸려요.

변비에 걸리면 배가 아프고, 가스가 차서 더부룩하고 방귀도 잘 뀌게 돼요. 변비는 피부에도 안 좋은 영향을 주어요. 그뿐이 아니에요. 변비가 심해지면 항문에 혹이 생기거나 피가 나는 치질에 걸릴 수도 있으니 조심해야겠지요?

변비를 예방하려면 섬유질 많은 음식을!

변비를 예방하기 위해서는 섬유질이 풍부한 음식을 자주 먹어야 해요. 흰쌀밥보다는 잡곡밥이 좋고, 김치, 각종 나물, 고구마 같은 섬유질이 많은 음식이 도움이 되어요. 유산균이 많은 요구르트도 장운동을 활발하게 해 주기 때문에 변비를 예방하는 데 좋지요.

또한 규칙적으로 운동하고, 물을 자주 마시고, 날마다 일정한 시간에 화장실에 가서 변을 보는 습관을 가지는 게 좋아요.

그럼 변비에 안 좋은 음식은 뭘까요? 피자, 햄버거 같은 패스트푸드와 달걀, 고기 종류, 빵과 과자만 즐겨 먹으면 섬유질이 부족해서 변비에 걸리기 쉽답니다.

! 변비를 해결하는 음식들

나물

고구마
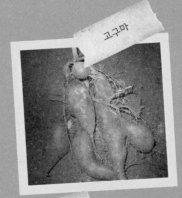

미역

잡곡밥

똥과 오줌을 보면 건강이 보인다고?

내가 누는 소변과 대변으로 내 몸속 건강 상태를 알 수 있다고?

똥과 오줌은 냄새가 나고 더럽게 여겨지지만, 우리의 건강 상태를 보여 주는 중요한 증거 자료예요.

우선 똥을 볼까요? 똥의 모양과 색을 보면서 우리 몸속에 생긴 문제를 예상해 볼 수 있지요. 딱딱하고 수분이 적은 똥을 보면 장운동이 잘 안 되고 우리가 먹은 음식에 문제가 있다는 것을 알 수 있어요. 또 수분이 너무 많은 설사 똥을 보면 우리 몸에 세균이 많아졌다는 것을 알 수 있어요. 똥이 까만색이면 식도, 위, 십이지장에 염증이 있어서 피가 나고 있는 거예요. 그리고 대장이나 항문에 이상이 있으면 피가 섞인 똥을 보게 되지요.

소변 색과 냄새로도 건강 상태를 살펴볼 수 있어요. 세균에 감염되거나 콩팥에 문제가 생기면 소변 색이 맑지 못하고 탁하면서 냄새가 심하게 나요. 소변 검사로 당뇨병과 몸속에 종양이 생긴 것도 알 수 있어요. 참, 엄마가 아기를 가진 기쁜 소식도 소변 검사를 통해 알 수 있답니다.

은지의 비밀 노트

은지가 다니는 강원도의 한 초등학교.

점심시간, 은지네 반.

헛!

뭐해?

뭔데 그래? 비밀 노트야?

탁!

아, 아무것도 아니야.

너 요즘 다이어트 하는구나.

다이어트하는 건 내가 아니라 바로 너 아니야?

그럼 노트에 새우는 왜 쓴 거야?

으응, 그건 엄마가 심부름 시킨 거 생각 나서 적은 거야.

기집애, 눈도 빨라!

거짓말 마. 너 뭔가 수상해.

그러지 말고 네 블로그에나 들어가 보자.

아, 알았어. 알았다고.

오후 수업 후 쉬는 시간.

?!

궁금해서 못 참겠어. 은지가 화장실에서 오기 전에 빨리 봐야지.

은지의 음식 일기?

은지의 음식 일기

영은이 너, 지금 내 자리에서 뭐해?

나 하나도 못 봤어. 그냥 이게 책상 아래 떨어져 있길래.

미, 미안. 보긴 봤어.

후유~.

근데 너 다이어트 하려는 거 맞지?

다이어트 아니라고 했지.

날짜와 음식 이름을 쭉 적어 놓았던데 그래도 아니라고 할 거야?

그야 음식 일기니까 당근 날짜와 음식 이름이 있는 거지.

그러니까 니가 다이어트하려고 음식 일기 쓴 거 맞잖아?

글쎄 아니라니까?

그럼 음식 일기는 도대체 왜 쓰는 거야?

으응, 사실은 아토피 때문에.

그게 무슨 뚱딴지 같은 소리야? 니가 피부 하나는 연예인 저리 가라잖아.

수업 끝나고 다 얘기해 줄게. 계곡 옆, 물푸레나무 어때?

지금 얘기해 주면 안 돼?

안 돼?

너무 뜸들인다. 어후~, 답답해?

계곡 옆 물푸레나무.

와~, 공기가 정말 상쾌해?

아까했던 얘기 좀 얼른 해 봐. 아토피라니?

실은 내가 서울에서 학교 다닐 땐 아토피 때문에 왕따였어.

너처럼 피부 좋은 인기짱이 아토피였다니 믿어지지가 않아. 게다가 왕따였다니 말도 안 돼.

여기로 이사온 덕에 아토피도 낫고 인기짱이 됐어.

음~, 그런 일이 있었구나. 그런데 어쩌다 아토피가 생긴 거야?

새로 지은 아파트에 이사 갔다고 좋아했는데 새집증후군 때문에 아토피가 생겼던 거야.

새집증후군은 신축 건물의 마감재나 건축 자재에서 배출되는 휘발성 유기화합물 때문이라지?

애완동물이나 식품첨가물도 한 원인이라지 아마?

나보다 아는 게 더 많네.

음식 일기는 아토피 재발을 막기 위해 쓰는 거고, 다이어트하는 사람에게도 좋을 것 같은데 나도 함 써 볼까나?

그래 오늘부터 함께 쓰자.

화이팅!

가려움증이 심한 아토피 피부염

아토피 피부염은 주로 아기들과 어린이들이 걸리는 피부병이에요. 어렸을 때 고치지 않으면 어른이 되어서도 아토피 피부염을 앓지요. 그럼 아토피 피부염에 걸리면 어떤 증상이 나타날까요?

아토피 피부염에 걸리면 무엇보다도 가려움증이 심해요. 도저히 참을 수 없을 만큼 심한 가려움증이 생겨서 계속 긁다 보면 피부에 상처가 생기고 피가 나기도 해요. 피부는 점점 건조해지고 딱딱해지면서 하얗게 각질이 일어나지요.

증상이 심해지면 피부에 상처도 많이 나고 각질이 심하게 일어나기도 해서 스트레스를 받기도 해요. 늘 몸이 가렵기 때문에 다른 데 집중을 하기가 어려워 공부를 잘 할 수가 없어요. 뿐만 아니라 즐겁게 놀기도 어려워 성격이 나빠지기도 한답니다.

아토피 피부염이 있는 아기

아토피 피부염은 알레르기성 질병이라고요?

건물 벽에
생긴 곰팡이

우리 몸을 보호하는 면역 기능에 이상이 생기면 알레르기성 질병에 걸려요. 알레르기는 집먼지진드기, 꽃가루, 동물의 털이나 비듬, 곰팡이, 담배, 식품, 옷감 등에 민감하게 반응하는 증상을 말해요.

알레르기성 질병 중 하나인 아토피 피부염은 피부의 면역 기능에 이상이 생겨서 나타나는 거예요. 기관지 점막이나 코 점막의 면역 기능에 이상이 생기면 천식과 알레르기성 비염에 걸리듯이 말이에요. 그래서 아토피 피부염을 앓고 있는 어린이들 중에는 천식이나 알레르기성 비염을 함께 앓는 친구들도 많답니다.

아토피 피부염은 환경 때문에 생기는 병!

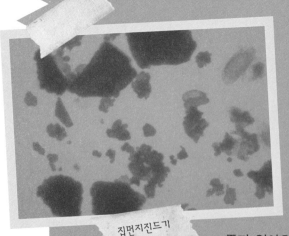

집먼지진드기

아토피 피부염은 환경을 바꾸면 깨끗이 나을 수 있어요. 그래서 아토피 피부염을 고치려고 공해가 심한 대도시에서 공기와 물이 깨끗한 시골로 이사 가는 사람들도 있어요. 새로 지은 집도 아토피 피부염에 좋지 않아요. 화학물질로 만드는 벽지, 장판, 페인트에서 유독성 물질이 나오기 때문이지요.

아토피 피부염 환자뿐만 아니라 여러 사람들의 건강을 위해서 대도시의 공기와 물, 흙도 맑고 깨끗하게 만드는 사회적인 노력이 필요해요.

햄, 과자, 콜라처럼 공장에서 만든 가공 식품에는 각종 식품 첨가물이 들어 있어서 아토피 피부염을 악화시켜요. 항생제를 먹고 자란 소, 돼지, 닭으로 만든 음식도 되도록 먹지 말고, 농약을 쓰지 않은 채소와 과일을 많이 먹어야 해요.

먼지가 쌓이지 않도록 집과 주변을 자주 청소하는 것도 좋아요. 하지만 몸을 너무 자주 씻으면 피부가 건조해져서 아토피 피부염이 심해질 수 있어요. 그리고 화학섬유보다 면과 같은 천연 섬유로 만든 옷을 입는 게 좋답니다.

거북목괴물과 새우등괴물

세윤아~ 게임 그만하고 아빠랑 북한산 가자.

싫어요. 전 게임하고 놀래요.

건강한 사람이 되려면 운동을 해야만 해.

전 건강한 사람보단 게임왕이 더 좋아요.

너 그러다간 이렇게 뼈가 괴상하게 생긴 괴물이 된다.

에잇! 아빠 때문에 죽었잖아요.

잘됐다. 게임도 끝났으니 이젠 아빠랑 등산 가자꾸나.

어, 내 핸드폰!

탁!

제 핸드폰 주세요.

아빠와 등산 간다고 약속하면 돌려주지.

내일은 꼭 등산 갈 테니까 돌려주세요.

핸드폰 돌려줬으니 약속은 지켜야 한당

알았다니까요. 안녕히 다녀오세요, 아빠앙

앗싸~, 아빠까지 등산 가셨으니 완전 내 세상이닷당

뿅 뿅 뿅

뿅 뿅 뿅 구부정

하지 말라고 말리는 사람이 없으니 이상하게 재미가 없네. TV나 보자앙

딱!

우아~, 뜀박질맨이닷당

구부정

앗 유주석의 등이 위험해. 안 돼. 앗하하하앙

이번엔 컴퓨터 게임 좀 해볼까~.

뿅 뿅 뿅

이번 판을 깨고 말겠어!

구부정

미래의 김세윤 도착앙

위잉 위잉

미래의 김세윤

왜 이렇게 다리가 안 빠져나와앙

끼잉 끼잉

다, 다리라니, 누구 다리앙

177

하이!

방가 방가!

괴, 괴물이다.

우리 바다로 놀러 가자.

아니, 산으로 놀러 가자.

무, 무서워어

우린 척추가 기형이라 산을 오르지 못해. 바다로 가어

왜 못 올라가어 아무리 몸이 이래도 갈 수 있어어

땅바닥만 보고 걷는 게 무슨 의미가 있어. 바다 가자니깐.

어어 내 옷이랑 똑같은 걸 입었네. 잠깐 그거 내 옷 아니야어

맞아.

그런데 왜 내 옷을 입고 있는 거야어

그야, 네 미래의 모습이 나니깐 당연한 거 아니야어

내가 너희 같은 괴물이 된다고어 말도 안 돼어 이 괴물들아, 너희 세상으로 빨리 돌아가어

여보, 세윤이가 어젯 일로 내일 등산 가겠다고 난리지어

글쎄요. 낮에 괴물꿈을 꿨다나 어쨌다나 하면서 이제부터는 날마다 등산을 하겠다고 난리네요.

우리 몸의 기둥, 척추!

척추는 우리가 서서 걸을 수 있도록 우리 몸을 지탱해 주기 때문에 우리 몸의 기둥이라고 불려요. 척추는 뒤에서 볼 때 1자, 옆에서 볼 때 S자 모양을 하고 있고, 척추뼈와 디스크, 인대, 근육 등으로 이루어져 있어요.

척추뼈는 목뼈 7개와 등뼈 12개, 허리뼈 5개, 작은 뼈들이 모여 만든 엉치뼈와 꼬리뼈로 이루어져 있지요. 디스크는 척추뼈 사이사이에 있는 젤리 같은 조직인데, 척추뼈들이 서로 부딪치는 것을 막아 줘요. 인대는 뼈와 뼈를 단단히 연결시켜 주는 조직이고, 근육은 뼈에 붙어 있는 힘살로 척추를 받쳐 주고 힘을 쓸 수 있게 해 줘요.

그 외에도 척추는 척수를 보호하는 중요한 일을 해요. 척수는 척추 안의 신경줄기인데, 뇌와 온몸의 신경계를 연결시켜 주는 역할을 해요. 온몸의 상태를 뇌에 보고하고, 뇌가 내리는 명령을 온몸에 전달하는 중요한 일을 하고 있지요. 그러니 척추를 잘 보호해야겠지요?

척추는 정면에서 보면 1자 모양이지만, 옆에서 보면 S자 모양이에요. 그런데 나쁜 자세 등 척추에 안 좋은 영향을 주면 모양이 변형되면서 통증을 일으키기도 하지요.

옆에서 본 S자 모양의 척추

생활이 편리해지면서 늘어나는 척추 질환

몸을 움직이기보다는 의자에 앉아서 하는 일이 많아지면서 척추측만증과 목디스크 같은 척추 질환이 늘어나고 있어요.

의자에 너무 오래 앉아 있으면 운동 부족으로 척추를 받쳐 주고 보호하는 근육이 약해져요. 컴퓨터를 이용하거나 책을 보기 위해 고개를 숙인 자세로 오래 있으면 목 주변의 근육과 관절이 몹시 지치게 되지요.

이런 현상이 계속되다 보면 척추가 휘어서 체형도 변하고, 목과 허리에 심한 통증을 느끼게 된답니다.

척추가 건강해지려면 어떻게 해야 하나요?

1. 오랫동안 앉아 있거나, 고개를 숙이거나, 젖힌 상태를 오래 유지하는 행동은 척추를 힘들게 해요. 항상 허리를 곧게 펴고 턱은 가슴 쪽으로 조금 끌어당긴 자세가 좋아요.

2. 비만도 척추 질환에 좋지 않아요. 체중이 늘어나면 체중만큼 척추에 자극이 되어서 척추가 약해지거든요.

3. 몸 전체를 골고루 움직이는 걷기와 자유형 수영이 척추를 튼튼하게 해 줘요.

4. 하루에 10분 이상 햇빛을 쬐며 산책을 하는 것도 좋아요. 햇빛을 쬐면 몸에서 비타민D 만들어져 뼈를 튼튼하게 해 주거든요.

5. 뼈가 건강해질 수 있도록 콩, 우유, 멸치, 호두와 땅콩 같은 견과류 등의 음식을 자주 먹어 줘야 해요. 당분과 인공첨가물이 들어간 콜라와 인스턴트 음식 등은 뼈를 약하게 만드니까 되도록 먹지 않도록 해요.

햇빛을 쬐면 우리 몸 안에 비타민D가 만들어져요.

왕후의 눈물

심청이가 왕비가 되어 살고 있는 왕궁.

후유~§

원샷!

왕비§ 왜 그러시오§ 무슨 걱정이라도 있는 게요§

오늘은 우롱차 맛이 정말 별로예요.

맛만 좋은데 그러시오. 후루룩 쩝쩝.

오늘은 유독 비가 많이 내리네요. 아~ 우울해§

하하하§ 단비에 백성들 농사 걱정도 덜고 얼마나 좋소§

아버님이 아직까지 눈을 못 뜨셨다면 이 비에 어쩌시려나…. 아~ 답답하고 우울하구나.

아, 차 맛 좋다~.

후유~.

왕비께선 비를 무척 싫어하시는 모양이오.

제가 인당수에서 간신히 살아난 후 물이란 물은 꼴도 보기 싫어요.

음~, 그래서 세수할 때 고양이처럼 눈꼽만 떼셨구려.

어쩌다 한 번 그런 거 갖고 너무 놀리지 마세요.

내가 곁에 없어서 아버지는 다리를 건너다 떨어지셔서 홀로 돌아가실지도 몰라.

아마 왕비께서 우울증이 생긴 모양이오. 요즘 불면증도 부쩍 심해지고. 내 연회를 열어 당신 기분을 풀어 드리리다.

아니에요. 오늘은 혼자 있고 싶어요. 그럼 이만 물러가겠습니다.

어어, 그러시오. 푹 쉬시오.

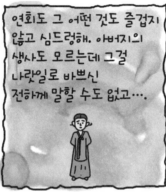

연회도 그 어떤 것도 즐겁지 않고 심드렁해. 아버지의 생사도 모르는데 그걸 나랏일로 바쁘신 전하께 말할 수도 없고….

흑, 흑, 흑

아버지!

내가 아버지를 살린답시고 아버지를 돌아가시게 내버려 둔 거야. 난 죽어야 마땅해.

에잇!

쾅 쾅 쾅

아, 아프당

아, 답답한 이 심정, 누가 알아 주나?

전하께서 이 혹을 보면 도깨비뿔이라고 놀리겠지.

미워!

왜 머리를 감싸고 몰래 가시오?

머리가 좀 아파서요.

머리 아픈 덴 춤과 음악이 약이라오. 자, 보시오.

♪ 오~, 섹시 레뎨, ♪ 옵옵옵옵~!

저 사람 어디서 많이 본 사람인데요. 가운데서 춤추는 저 사람?

댄스 대회에서 1등한 사람인데, 춤사위가 자못 멋지잖소?

아, 아버지.

아니, 저 사람이 당신 아버지란 말이오?

저 웨이브를 보니 제 아버지가 분명하옵니다.

왜 여태 아버지 얘길 안 하셨소?

♪ 오~ 섹시 레뎨!

제 아버지가 뺑덕어멈과 춤바람이 났다면 전하께서 실망하실까 봐서요.

그래서 그동안 말도 못 하고 우울해 하셨구려.

지금 때가 어느 땐데 그러시오. 춤 잘 추는 사람이 인기짱인 그런 시대 아니오.

그런데 아버지는 어떻게 눈을 뜨셨을까요?

뺑덕어멈인가 하는 사람이 각막 이식을 해 줬다더군.

고마워요, 뺑덕 어멈~♪

모든 일이 시큰둥해지는 우울증

우울증은 마음이 걸리는 감기라고 할 정도로 누구나 걸릴 수 있는 마음의 질병이에요.

우울증에 걸리면 모든 것에 관심이 없어지고 자신이 좋아하는 일을 해도 즐겁지 않고, 늘 기분이 가라앉아 있어요. 우울증은 이렇게 마음에 생기는 증상 외에도 신체에도 영향을 주어요.

신체에 나타나는 증상으로는 잠을 잘 못 자고, 조그만 일에도 짜증이 나서 화를 잘 내고, 늘 피곤해요. 우울증을 앓고 있는 사람들은 대부분 입맛이 없어서 음식을 잘 먹지 못해요. 어떤 사람들은 우울한 기분을 없애려고 전보다 더 많이 먹어서, 비만 상태가 되기도 해요. 또한 우울증이 더욱 심해지면 머리도 아프고 가슴이 답답하고 아픈 증상이 나타나기도 한답니다.

우울증을 불러오는 스트레스

우리는 생활하면서 여러 가지 스트레스를 받아요. 새로운 일을 겪거나, 시험을 보는 것처럼 하기 싫지만 꼭 해야 하는 일을 할 때, 원하는 일이 잘 이루어지지 않을 때에 스트레스를 느끼지요. 우울증의 가장 큰 원인은 바로 이런 스트레스예요.

심한 스트레스는 모든 질병의 원인이 될 정도로 우리 몸과 마음을 힘들게 해요. 하지만 스트레스가 무조건 나쁜 것만은 아니에요. 여행 가기 전에 설레는 것처럼 기분 좋은 스트레스도 있고, 적당한 스트레스는 개인의 발전에 도움이 되기도 해요. 시험 보는 게 싫어서 스트레스를 느끼지만, 시험을 보면서 배우고 익히게 되는 것처럼 말이지요.

우울증에 걸리지 않으려면 우리가 생활하면서 받는 여러 가지 스트레스를 잘 관리해야 한답니다.

우울증은 마음의 감기래요

우울증이 심해져서 자살하는 사람들이 있을 정도로 우울증은 무서운 질병이에요. 우울증은 모든 사람이 걸릴 수 있고, 누구나 한 번쯤 경험하게 되는 것이어서 마음의 감기라고도 불려요.

우울증을 이겨내는 방법!

우울증에 걸리지 않기 위해서는 스트레스를 잘 관리해야 해요. 스트레스를 덜 받으려면 긍정적으로 생각하는 게 필요하지요. 똑같은 상황도 긍정적으로 생각하기에 따라 다르게 느껴질 수 있거든요.

그래도 스트레스가 쌓이면 가족들과 친구들에게 힘든 점을 얘기하고, 혼자 해결할 수 없는 일은 도움을 청해야 해요. 밤에 잘 자고 충분한 휴식을 취하고, 규칙적인 운동을 하는 것도 중요해요. 이런 것들이 스트레스를 줄이는 데 좋답니다.

그리고 무엇보다 가장 중요한 것은 자기 자신을 사랑하는 마음이에요. 우리는 모두 이 세상에 하나밖에 없는 소중한 존재이고, 행복하게 살 권리를 가졌으니까요.